U0452424

孩子的焦虑，父母来疗愈

［英］安·考克斯　编著

李昕航　译

中国出版集团
中译出版社

Helping Your Child with Worry and Anxiety
Copyright © Ann Cox 2021
First published by Sheldon Press in 2021 An imprint of John Murray Press A divison of Hodder & Stoughton Ltd, An Hachette UK company
Simplified Chinese translation copyrights © 2023 by China Translation & Publishing House
All rights reserved.

(著作权合同登记号：图字 01-2022-3601 号)

图书在版编目（CIP）数据

孩子的焦虑，父母来疗愈 /（英）安·考克斯编著；李昕航译. --北京：中译出版社，2023.7

ISBN 978-7-5001-7257-4

Ⅰ. ①孩… Ⅱ. ①安… ②李… Ⅲ. ①青少年心理学 Ⅳ. ①B844.2

中国国家版本图书馆CIP数据核字(2022)第230782号

孩子的焦虑，父母来疗愈
HAIZI DE JIAOLÜ FUMU LAI LIAOYU
[英]安·考克斯 编著；李昕航 译

策划编辑：	李　昕
责任编辑：	张　猛
营销编辑：	靳佳奇　王　宇
装帧设计：	孙　庚
版权支持：	陈　卓

出版发行：中译出版社
地　　址：北京市西城区新街口外大街28号普天德胜大厦主楼4层
邮　　编：100088
电　　话：(010) 68359827, 68359303（发行部）；(010) 62058346（编辑部）
电子邮箱：kids@ctph.com.cn
网　　址：http://www.ctph.com.cn

印　　刷：北京顶佳世纪印刷有限公司
规　　格：880 mm × 1230 mm　1/32　　印　张：8.875　　字　数：120千字
版　　次：2023年7月第1版　　　　　　印　次：2023年7月第1次

ISBN 978-7-5001-7257-4　　　　　　定　价：58.00元

版权所有　侵权必究
中　译　出　版　社

献给我的丈夫埃利斯和女儿杰西卡。正因为有你们一直以来的耐心支持和灵感启发,本书才得以完成。

这本书是为那些正在担忧与焦虑中挣扎的孩子和正在陪伴支持他们的父母而写。希望这本书能够为你们带来希望、应对策略和一个更加美好的未来。

目 录

第 1 章　你真正了解焦虑吗？　　　　　　　　　　　　001
第 2 章　身为父母也要照顾好自己　　　　　　　　　　019
第 3 章　儿童通常会对什么产生恐惧？　　　　　　　　031
第 4 章　如何应对广泛性焦虑？　　　　　　　　　　　049
第 5 章　焦虑对孩子的神经发育有影响吗？　　　　　　065
第 6 章　进食困难和焦虑有关吗？　　　　　　　　　　081
第 7 章　解决社交焦虑的方法有哪些？　　　　　　　　103
第 8 章　如何帮助孩子渡过分离焦虑？　　　　　　　　123
第 9 章　强迫观念会影响到孩子的生活吗？　　　　　　141
第 10 章　由健康引发的焦虑要如何解决？　　　　　　　157
第 11 章　如何摆脱不必要的惊恐？　　　　　　　　　　173
第 12 章　如何排解坏事发生时的不良情绪？　　　　　　193
第 13 章　如何管控焦虑产生的身体变化？　　　　　　　211
第 14 章　如何化解孩子的抑郁情绪和自我伤害冲动？　　229
第 15 章　如何控制家庭带给孩子的焦虑？　　　　　　　247
第 16 章　专业意见：来自作者的"劝解"　　　　　　　261

第1章

你真正了解焦虑吗?

安·考克斯,注册心理健康护士和认知行为治疗师

本章对于什么是焦虑进行了概述,将帮助你理解身体里焦虑的本质、解答为什么一系列不同的焦虑困难会在身体上出现相似的症状反应,以及最重要的一点:孩子自己以及家庭内部该如何应对这些症状。理解什么是焦虑是应对本书中所讨论的一系列焦虑困难的核心。

焦虑是总称

焦虑是一个概括性术语,它是一系列不同障碍的总称。以下是焦虑症常见的一些障碍。

图 1.1 常见的焦虑障碍

焦虑有多普遍？

焦虑症是儿童和青少年最常见的疾病之一。根据英国国家医疗服务体系数字信息部门在 2017 年收集的数据，儿童患焦虑症的可能性是抑郁症的 3 倍。在 5~10 岁的孩子中，大约每 100 个孩子就有 4 个患有焦虑症。在 11~16 岁的孩子中，大约每 100 个女孩有 8 个、每 100 个男孩有 6 个患有焦虑症。在 17~19 岁的孩子中，每 100 个女孩约有 13 个，每 100 个男孩约有 5 个。NHS Digital 在 2020 年进行的一项后续研究表明，在所有疾病中，儿童心理健康疾病的发病率增加了 16%。当然，这项后续研究是在 2020 年新型冠状病毒肺炎大流行期间进行的，因此报告数据可能会异常高。

焦虑症会影响孩子。不过，并非所有患焦虑症的孩子都会寻求帮助，因为有些孩子或许能够克服重重困难来控制他们的焦虑。互联网上有很多可以获取的资源和应用程序，孩子们可以用作自救指南。和大多数心理健康问题一样，越早开始治疗焦虑症，效果就越好。如果你的孩子正在被焦虑症困扰，请尽快寻求帮助，以确保得到最快、最好的结果。

针对焦虑的心理教育

通过心理教育可以让孩子认识和正确对待焦虑症,所以心理教育应当是提供给所有孩子的第一干预措施。心理教育可以产生非常积极的影响。如果你的孩子能理解焦虑是怎么回事,并知道如何应对,他们可能就不需要其他的干预措施了。本章将着重于心理教育,帮助你用孩子能够理解的方式向他们解释什么是焦虑症。

如图 1.3 所示,所有不同的焦虑障碍都有着共同的症状,但每个孩子表现出来的症状数量和强度有所不同。为什么所有障碍都体现出共同的症状?原因之一是这些症状具有比较单一的生理机制,也就是说每次孩子焦虑发作时,体内都会发生一系列相同的反应。

什么是焦虑?

问:焦虑会让孩子感到担心、恐慌、害怕或紧张吗?
答:会。人们在描述焦虑时会提到这些感受。
问:焦虑对人有用吗?
答:有用。我们需要用焦虑来保护自己。

焦虑症状是大脑内建的威胁系统被激活的结果。大多数情况下，威胁系统可以提醒我们潜在的危险，从而帮助我们完成一些日常任务，比如过马路、用刀切蔬菜或通过陡峭的台阶。我们会在路况明朗的情况下过马路，以确保不会受到伤害；我们在切蔬菜时会注意不切到手；我们在陡峭或崎岖的地面上行走时，会寻找安全的落脚点。威胁系统和焦虑症状可以帮助我们处理一些具有挑战性的事情，如果我们不够小心，这些事情可能会伤害到我们。焦虑和威胁系统主要是为了保护我们的安全。然而，有时候威胁系统可能会变得过于敏感，这时，焦虑对于我们而言就不再是一种帮助，而是会给生活的许多方面造成影响。

焦虑在体内是怎么运作的？

这种威胁系统也被称为"战斗或逃跑"系统。"战斗或逃跑"系统就像我们大脑中发出的警报，警告我们正处于潜在的危险之中。警报会引发一系列的反应，使身体产生焦虑症状。焦虑症状帮助身体做好行动准备，要么逃离威胁，要么留下来与威胁战斗。有时，这些症状过于强烈，人会像吓傻了一样僵在那里。这就是所谓的 3F 模式：战斗（fight）、逃跑（flight）和僵住（freeze）。当大脑中的威胁系统被激活时，就会触发"战斗或逃跑"系统。

当大脑感觉到威胁或危险时，就会通过自主神经系统发送信号来激活"战斗或逃跑"反应。

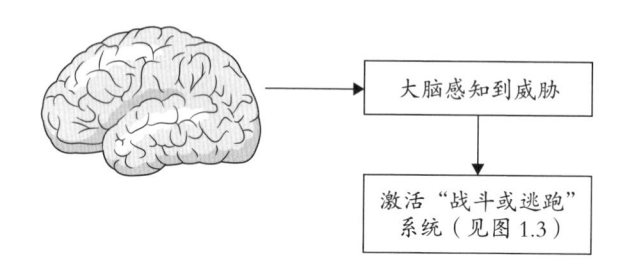

大脑感知到威胁 → 激活"战斗或逃跑"系统（见图1.3）

图1.2　焦虑的连锁反应

几十万年来，"战斗或逃跑"系统一直是我们大脑的一部分，最早可追溯到穴居人时期。因为当时的环境中有很多捕食者和潜在的威胁，所以我们的大脑发展出了威胁系统来保护我们。捕食者包括熊、剑齿虎、蛇和毒蜘蛛等动物，潜在的威胁包括危险的地形、高崖、泥浆和山体滑坡等。"战斗或逃跑"这一威胁系统在当时对于保护人类的安全是非常必要的。

自史前时代以来，世界发生了巨大变化，现在有很多其他东西都可以保护我们的安全。简单的东西，我们有衣服和鞋子、安全警示牌、防止跌倒的栏杆和栅栏，复杂一点的有卡车倒车警报器，更高级的还有各种形式的大众传媒——我们有这么多的危险预警方式。但是，尽管我们周围的世界在不断进化和改变，我们的大脑仍然保留着十万年前形成的威胁系统。有时，这一威胁系统会变得过于敏感，这就导致人们开始产生过多的焦虑，并有可能演变为严重的问题。

当"战斗或逃跑"系统被激活后，身体会发生什么？

当"战斗或逃跑"系统被激活时，我们体内两种激素的水平会上升：去甲肾上腺素和肾上腺素。这些激素会在体内引发一系列常见的身体反应，包括：

肾上腺素和去甲肾上腺释放

肌肉变紧张，准备行动

肝脏释放葡萄糖为肌肉提供能量

消化速度减慢或停止
（这就是为什么你会觉得肚子不舒服）

开始出汗
（这是因为你呼吸加快，血压升高。但这也是一种保护措施，因为如果捕食者想抓住你，出汗会让你的皮肤变得很滑，这样捕食者就不太可能抓住你了。）

括约肌关闭
（当你在打架或者逃跑的时候，最不想发生的事情就是想上厕所！然而，这也可以解释为什么有些人会腹泻。）

大脑调动身体各部位的活动

瞳孔放大
（眼睛就能吸收更多的光线，让你看得更清楚）

嘴唇变干

颈部和肩部肌肉变得紧张
（因为这些肌肉是你用来逃跑或战斗的）当年幼的孩子感到焦虑时，他们很难处理这种焦虑，尤其是男孩。他们会感觉到脖子和肩膀发紧，需要释放这种感觉，开始扔东西或打架。人们会认为这些年幼的孩子在发怒，其实他们是在焦虑。

呼吸加快、气短

心跳加快、血压上升

血液集中在主要器官上
（主要器官需要借此进行身体活动。这点也能保护你。如果捕食者抓住了你的四肢末端，比如手指或脚趾，把它们咬掉了，你流血的可能性更小，存活的机会更大。）

图 1.3 "战斗或逃跑"反应（焦虑）

关于人体奇妙的一点是，当它处于健康状态时，它的主要功能之一就是保持和谐与平衡。如果身体在任何方面失去平衡，它都会试图重新平衡自己，有点像一个跷跷板在保持平衡。这叫作体内平衡。例如，为了维持体内平衡，在你进食时，体内糖和脂肪的水平会提高，以保持体温正常，且维生素和激素在合适的水平。为了保持健康，你的身体一直在不知不觉地这样做。对于一些人来说，如果身体的某些部分不能正常工作，就会出现并发症。例如，糖尿病患者的胰腺不能正常工作，所以他们无法控制血糖，通常需要药物来帮助维持体内平衡。达到体内平衡的过程大约需要40分钟，而且，体内平衡机制和焦虑的产生密切相关。

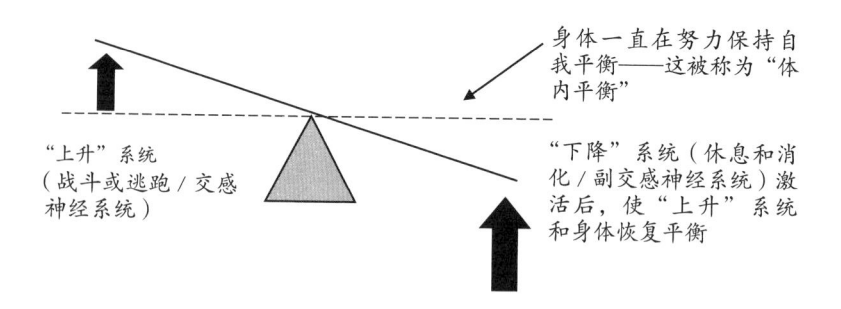

图 1.4　上升—下降系统的跷跷板模型

我们可以把"战斗或逃跑"系统的激活看作"上升"系统，这是交感神经系统在起作用。正如我们之前所看到的那样，当身体发生"战斗或逃跑"反应时，肾上腺素和去甲肾上腺素水平升高，体内失去平衡，这时身体就会试图通过体内平衡机制来达到新的平衡。

我们可以把这个过程想象成"下降"系统，学名叫作副交感神经系统。"下降"系统也被称为"休息和消化"过程，当身体从"战斗或逃跑"中恢复到休息状态时，消化过程再次开始工作。据了解，我们可以通过主动参与"下降"系统的部分工作，来帮助它实现目标。例如，当"向上"系统加重呼吸时，"下降"系统会尝试调节呼吸。此时，如果你的孩子主动去调节呼吸，就会促进"下降"系统起作用。可以做一些呼吸练习，比如假装吹气球。

一旦"上升"系统被激活，"下降"系统也会被自动激活。这就创造了体内平衡，同时使体内的去甲肾上腺素和肾上腺素降至正常水平，这一过程大约需要40分钟。很重要的一点是：经过这40分钟的时间，你的焦虑症状会自行缓解，你不需要主动做任何事情。这就是身体保持健康的方式。如果你的孩子很焦虑，整天都感到焦虑，并且认为这种焦虑不会得到缓解。但是，从生物学角度来说，这是不可能的。

让孩子进行下面的测试，看看是否有效，这会对他们大有帮助，因为他们可以把身体里正在发生的事情，以及这些事情是如何自己减少焦虑的联系起来。一个比较好的方法是，让孩子想一些让他们有点害怕，但又不是那么害怕的事情。如果我们设想一个0~10的焦虑量表，0表示完全不焦虑，10表示所有人都能感觉到的最大焦虑，孩子应该去想一些让他们的焦虑程度达到6~8的事情。你可能需要和孩子一起寻找一种引起他们焦虑的来源，例如，也许他们害怕蜘蛛或苍蝇。你可以让孩子靠近蜘蛛，或者任何他们选择的东西，并每5分钟判断一次他们的焦虑程度，以此测试他们的体内平衡。下面这个简单的表格可以帮助你记录孩子每隔5分钟的焦虑程度。

表1.1 焦虑程度记录表

时间/（分钟）	焦虑程度
0	
5	
10	
15	
20	
25	
30	
35	
40	

通过这种焦虑测试，当孩子专注于让他们焦虑的东西（而不是其他东西）时，他们的焦虑水平就会在40分钟内逐渐下降。这被称为"习惯化"。为了成功地减少焦虑，有必要习惯让你焦虑的东西。当然，当孩子在躲避让他们感到焦虑的事物时，无论这种躲避是身体上的还是心理上的，习惯化都无法发挥它的作用。

我们都会进行身体躲避。它能简单、安全地让我们避开有挑战性的事物。然而，当对一种事物的躲避影响到我们的生活时，就成了问题。

图 1.5 展示了当一个孩子躲避某件事物时会发生什么。我们仍拿蜘蛛来举例，因为大多数人都能对此共情。杰西卡害怕蜘蛛，她第一次去浴室时在里面看到了一只大蜘蛛，她的焦虑水平上升到 10，对应的是第一个箭头，从 0 上升到 10。杰西卡尖叫着从浴室里跑出来，关上门，大声喊她的父母来帮忙。因为杰西卡跑开了（逃跑）并避开了蜘蛛（而不是去习惯和它待在一起），她的焦虑水平降低到 0，因为蜘蛛不再被看作是威胁。当她在其他场合（时间 2、3 和 4）再次做同样的事情时，杰西卡的焦虑程度会和上次一样，达到最高值 10。杰西卡再重复同样的行为避开蜘蛛时，她的焦虑也以完全相同的方式不断重复。当孩子们去逃避焦虑时，他们很可能会经历同样的反应。

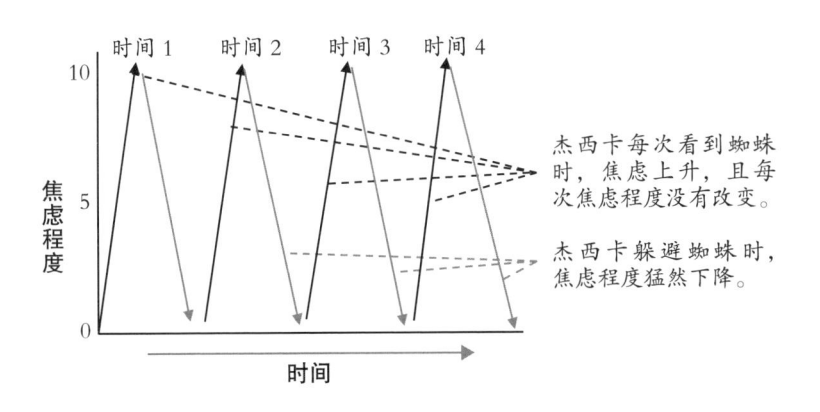

图 1.5 躲避焦虑时会发生什么

而习惯化则确实会改变人们的焦虑水平。当孩子们在进行焦虑测试或将自己暴露在让他们感到焦虑的事物面前并坚持下去时,焦虑程度最终会减轻,焦虑出现时间也会缩短。下图显示了发生的过程。

焦虑的习惯化

焦虑程度（纵轴 0–10）　时间（横轴，至 40 分钟）

时间 1：在很短的一段时间内高度焦虑,然后在 40 分钟内焦虑降低。

时间 2：高度焦虑,但时间较短、消退更快。

时间 3：焦虑程度轻微降低,消退时间更快。

时间 4：焦虑反应更小,持续时间更短。

时间 5：焦虑反应更小,持续时间更短。

每次焦虑水平都较上次时间点的程度更低、消退时间更快。

如图出的焦虑反应所示,当你在较短时间内感到轻度焦虑时,就会发生习惯化。

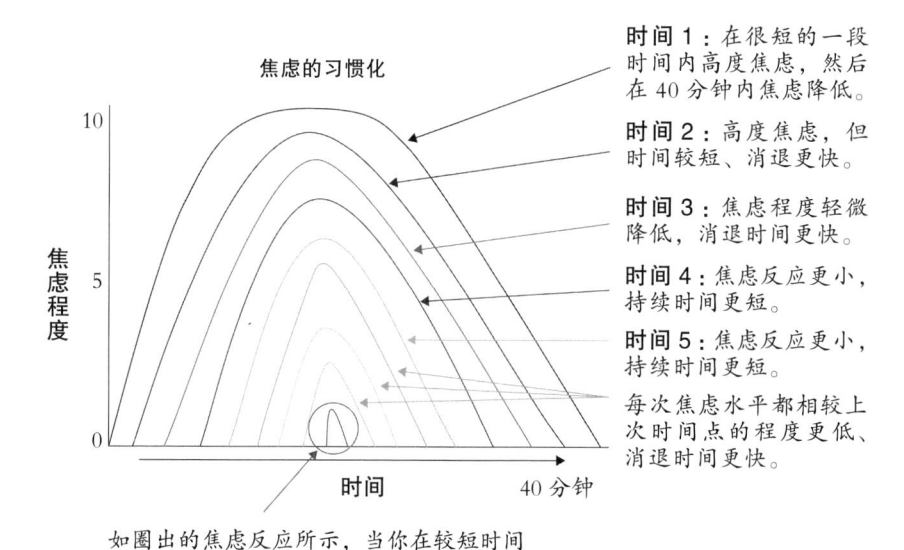

图表 1.6　习惯化的形成过程

我们需要经常进行习惯化训练,以确保焦虑处于低水平状态。如果我们停止习惯化并开始逃避,焦虑水平还会上升。

安全行为

"安全行为"是指当我们处于触发焦虑的情况下,为了让自己缓解焦虑而做的事情。当我们正在排队等候,队伍有很多人,这可能会让我们感到焦虑。在这种情况下,我们可能会采取一些让自己缓解焦虑的行为:看手机、在包里找东西、避免与人眼神接触、盯着地板或戴着耳机听音乐。

虽然安全行为能让我们感到安全,但有时却并非如此。孩子们经常使用的一种无益的安全行为来寻求安慰。

安慰

儿童是很脆弱的,作为父母,我们应该尽可能的为我们的孩子提供安慰。通过安慰为孩子提供指导和支持,帮助他们发展和承担风险,以提高他们的独立性。当你的孩子第一次迈出独立的一步,或者尝试一项新活动时,你当然会给他们安慰。安慰对每个人都很重要。然而,有时,尤其是在焦虑的时候,安慰可能是没有帮助的,太多的安慰可能会适得其反,成为焦虑循环中的一部分,而不是减少焦虑的发生。

让我们再拿杰西卡举例,但这次的情况略有不同。这一次,杰西卡开始担心将要发生的事情。她担心学业,担心她的友谊,担心她的奶奶。每次杰西卡担心的时候,她都会告诉她妈妈,然后问她妈妈是否一切都会好起来。她妈妈安慰杰西卡说，是的，一切都会好起来的。这里的情况是，杰西卡有了一个想法，她的焦虑程度正在增加，她向妈妈寻求安慰，妈妈给了她安慰，杰西卡的焦虑减少了。下一次杰西卡担心的时候，同样的过程会再次发生，同样的结果也会再次出现。杰西卡对那些事情的焦虑从未改变。我们可以发现这种反应与图1.5中的躲避焦虑循环是一致的，因为焦虑的程度一直没有改变，而且杰西卡是在躲避自己的担忧，以询问妈妈获得安慰来应对焦虑。如果你向孩子保证一切都会好起来，但将来事实可能并非如此，那么这会在未来引发问题。诚实是非常重要的——我们不能阻止一些事情的发生，比如亲友的死亡。当有人提出问题时，诸如"据我所知……"这样的回答可能会更有帮助，也更实际一些。

安慰包括所有妨碍孩子独立的行为，比如，让孩子和你睡在一张床上或者睡在同一间卧室里。安慰通常是没有用的，更有效帮助的方式是帮助他们安慰自己。你可以给予孩子一次口头安慰（这是正常的、表示支持的行为），但这次过后，孩子必须学会自我安慰。为了辅助这个流程，下次你可以换一种说法，问他"上次我是怎么说的？"或者"你是怎么想的？"你还可以让孩子把回答写在白板或者纸条上，等他们下次再问这样的问题时，让他们读上面写的东西。这样能够帮助孩子自我消化和应对自己的担忧，还会减轻他们的焦虑。有些时候，要打破安慰循环难如登天，但这有助于减少焦虑程度。

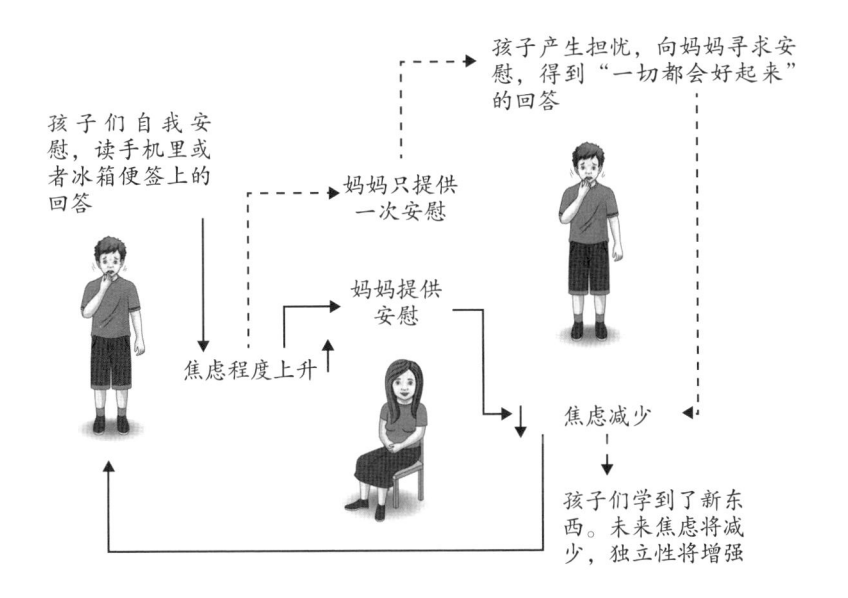

图 1.7 安慰循环

图 1.7 展现了安慰循环。实线代表父母安慰孩子，虚线代表孩子安慰自己。

焦虑症状的误读

误读孩子症状的情况时有发生。图 1.3 中列出了一些焦虑症症状。患焦虑症的孩子经常会抱怨头痛或者肚子痛，这是错误地关注了单一的症状，而没有意识到这是与焦虑症相关的一组症状之一。作为家长要十分注意这一点。

有些与焦虑同样用到"上升"系统的情绪也可能会引起误读。这些其他的情绪可能会展现出许多与焦虑相同的症状，但其原因完全不同。这些情绪包括兴奋、愤怒、期待从某些活动（比如坐过山车）中获得肾上腺素刺激。有时，过度疲劳也会出现类似症状。如果一个孩子一直在经历大量的焦虑症状，大脑就会开始将这些症状识别为焦虑，并将此认定为一种默认设置。即使这些症状不是由于焦虑引起的，大脑也会将其默认为焦虑。例如，一个孩子在经历一些激动人心的事情，如生日或节日时，他们会因为兴奋而出现一些症状——但他们会认为这些症状就是焦虑，因为大脑默认如此。如果发生这种情况，可以弄清楚孩子在感受什么情绪，并为各种情绪命名。

大自然万岁

置身大自然确实能够让人们获得幸福感。有证据表明，在大自然中度过时光可以帮大脑和身体放松。去森林里散步、观赏鸟类和野生动物、建造洞穴、参观溪流和河流，这些都有助于改善孩子的情绪，减少焦虑，提高幸福感。走进大自然是对本书策略的一个很好的补充。在林地信托的网站上，有很多你可以和孩子在林地里做的有趣活动。

焦虑的身体健康诱因

虽然焦虑症在儿童中很常见，但对于任何可能导致焦虑的身体健康问题都应该保持警惕。青春期是荷尔蒙多变时期，有时这会对孩子的身体健康产生影响。甲状腺是位于颈部的一个小腺体，可以调节某些激素。青春期时，它的功能有时会发生变化，因此有必要排除孩子的焦虑症是否因为甲状腺的问题。

除此之外，缺乏维生素、呼吸和心脏疾病、肠易激综合征，以及与"战斗或逃跑"系统相关的疾病都有可能成为焦虑症的诱因。你应该联系家庭医生，排除孩子的焦虑症是否由这些身体健康问题所导致。

小　结

本章概述了焦虑、焦虑在体内的作用机制，以及作为父母如何帮助孩子处理他们难以应对的行为。多想想你和孩子要如何团结起来战胜焦虑，而不是用安慰和回避等行为去助长焦虑，这会很有帮助。本书接下来的内容提供了如何控制特定焦虑障碍的方法，同时也指导父母如何照顾自己。父母自己保持健康的身体和良好的心态对孩子无疑是很有帮助的。

参考文献及拓展阅读

Lader, M. and Marks, I. (2013) *Clinical Anxiety*. London: William Heinemann.

Moss, S. (2012) *Natural Childhood Report*. [Online]. Available at: <nt.global.ssl.fastly.net/documents/read-our-natural-childhood-report.pdf> (accessed: 1 February 2021).

NHS Digital (2017) *Mental Health of Children and Young People in England, 2017*. [Online]. Available at:<digital.nhs.uk/data-and-information/publications/statistical/mental-health-of-children-and-young-people-in-england/2017/2017> (accessed: 9 June 2020).

NHS Digital (2020) *Mental Health of Children and Young People in England, 2020*. [Online]. Available at: <files.digital.nhs.uk/CB/C41981/mhcyp_2020_rep.pdf> (accessed: 25 October 2020).

第2章

身为父母也要照顾好自己

安·考克斯,注册心理健康护士
和认知行为治疗师
克里斯蒂娜·基利·琼斯博士,
临床心理学家

本章是专门为身为父母或者看护者的你而准备的。照顾好自己和照顾好你的孩子一样重要。有句谚语说:"空杯子里倒不出水。"帮助有担忧和焦虑症状的孩子是一项艰巨的任务,你要保证你的杯子里有尽可能多的水,保证你有足够的适应力,这是非常重要的。我们希望这一章能够提高你的自我意识,并提供一些行之有效的策略助你度过困难时期。记住,面对这种事情你必须全力以赴,但为了全力以赴,你也需要照顾好自己。

帮助孩子前先帮助自己

我们这一章来讨论父母如何通过帮助自己去帮助孩子。我们意识到，本章讨论的内容并非与所有人都相关，但其中的理念值得思考。本章开头会介绍"替代学习"的概念，以及孩子是如何在父母甚至没有意识到的情况下从父母身上学习的。随后，本章将介绍如何通过我们自己一些小的行为改变来帮助有焦虑症状的孩子，以及如何更好地给孩子示范这些改变。最后，我们将讨论如何更好地照顾自己，并给出一些建议。照顾好自己是非常重要的——作为父母，保持身心健康可以对孩子产生积极的影响。请你始终牢记这一点：在你能照顾别人之前，你必须先照顾好自己。虽然这句话在所有情况下都适用，但当家庭内部有了超出原本的压力，你必须付出超出原本的精力和韧性来应对日常生活时，这显得尤为重要。

替代学习

为人父母是一份艰难的工作，没有规则可循，也没有人告诉你如何做得更好。这极有挑战性，也会让人很累。尽管困难重重，但它也可能是人生中最有意义的经历之一。为了孩子能够过上幸福健康的生活，我们可以倾尽所有。同时，孩子从作为父母的我们身上学到了很多东西。他们通过观察我们来学习如何应对特定的情况，或者如何"做"特定的行为或做特定的家务。孩子们像海绵一样从我们身上吸收信息，从他们周围的环境中观察和学习。

作为父母，也许我们不能时刻意识到孩子会在多大程度上学习和模仿我们。通常情况下，只有当孩子说了一些他们不应该说的话时，我们才会注意到，这些话是从我们这里学来的。然而，孩子们确实从我们身上学到了很多东西，这其中就包括如何管理自己的情绪，以及如何管理自己的生活。

替代学习是指孩子通过观察父母的行为学习，而不需要父母提供直接的指导或教导。例如，如果父母每次看到蜘蛛就尖叫并逃跑，孩子就会知道蜘蛛是可怕的，因此他们很可能会做出同样的反应。孩子没有直接被教导蜘蛛很可怕，但他们会通过观察父母碰到蜘蛛时的表现来了解到这一点。孩子也会从父母那里学到其他的情感。如果父母在生活某些方面感到焦虑，那么孩子很可能也会感到一定程度的焦虑。罗森鲍姆等人（Rosenbaum et al., 2000）调查了一些患惊恐障碍和抑郁症的父母，发现他们的孩子也表现出类似问题，这两者之间存在着显著联系。类似症状在孩子 6 岁之前就很明显了。

虽然没有人能控制焦虑和抑郁的发生，但寻求帮助是很重要的。重要的是，不要让你的孩子间接地学到一些焦虑行为和症状。对于孩子，知道向家长寻求帮助也是同样重要的——他们需要明白自己可以这样做。焦虑和抑郁是可治可控的。让孩子看到他们的父母在积极自我帮助，这对孩子来说很重要。本书中关于应对焦虑障碍的知识，虽然是为了帮助儿童而写的，但都是遵循的一般性原则，因此成年人也可以使用书中的干预措施。父母在处理问题时表现出的任何积极变化,都会通过替代学习对孩子产生积极的影响。

行为改变和示范

行为改变是我们能控制的一件事,它对我们应对世界以及世界上许多挑战的方式有着很大的影响。做出简单的改变就可以让我们自己和孩子都感到更幸福。第一章里有关安慰的讨论值得重读,因为安慰是与所有焦虑症都相关的行为之一,因此它与所有的孩子和父母都相关。知道如何处理安慰是非常重要的,特别是当你将安慰的责任还给孩子,以此培养他们的独立自主性,让他们能够自我安慰时。

通过简单的行为改变来照顾自己是一个很好的开始。我们都会在生活中养成不良习惯,而不是去做我们应该做的事情。以下行为有助于我们每天做出积极的行为改变。

> **积极的行为改变**
> - 健康饮食
> - 减少咖啡因摄入
> - 锻炼
> - 良好的睡眠模式
> - 花时间与他人相处
> - 给自己一些独处时间
> - 减少酒精摄入
> - 不吸烟

展示良好的行为模式有助于孩子向你学习。你会因此身心健康，并且获得足够的适应能力，以应对那些充满挑战的日子。这被称为"示范"，因为你在示范如何建设健康的身心。你的孩子会看到你的示范行为，并从中学习。

在自己身上投入时间是很重要的，这也是我们许多人会忘记的一点。有时，最简单的事情却能产生最大的影响。这些基本的行为改变是成为有适应力父母的基础。所有父母都需要有适应力，而当你的孩子患有焦虑症时，你需要更多的力量和适应力。为了做到这一点，你需要回归到照顾自己这件基础事情上。图2.1为育儿适应力金字塔，展示了为了应对你所面临的挑战，以及培养孩子的适应力，你自己需要做些什么。

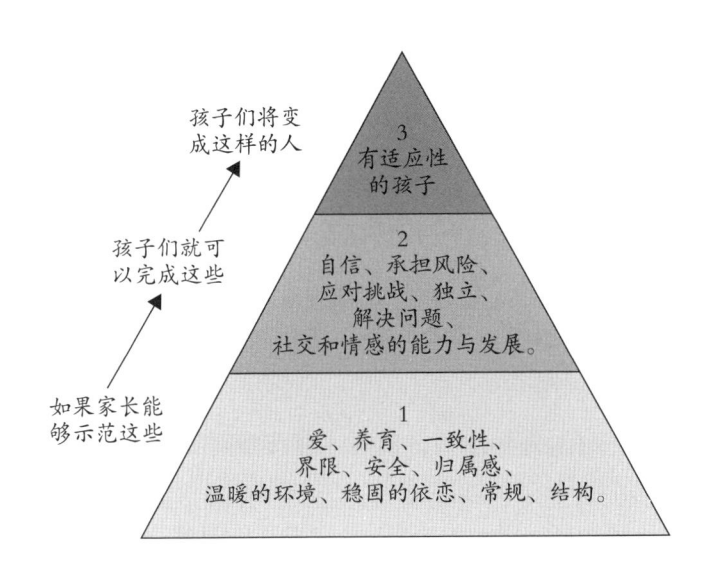

孩子们将变成这样的人
3 有适应性的孩子

孩子们就可以完成这些
2 自信、承担风险、应对挑战、独立、解决问题、社交和情感的能力与发展。

如果家长能够示范这些
1 爱、养育、一致性、界限、安全、归属感、温暖的环境、稳固的依恋、常规、结构。

图2.1 培养孩子适应力的金字塔

自我照顾的好处

养育孩子能唤起我们内心许多不同的感受,有时这些感受会出乎意料地强烈。当我们积极地养育孩子并与孩子互动时,这些过程自然会占用我们大量的时间和情感资源——无论我们在这个过程中经历了多少快乐和充实的时刻。当我们对身体状况、人际关系、财务、就业、损失或其他环境变化有所担忧时,为我们的孩子提供情感支持就可能会是一件非常具有挑战性的事。

什么是自我照顾?自我照顾就足够了吗?

正如我们之前所描述的那样,自我照顾可以是积极进行日常生活。比如获得充足的睡眠、锻炼、不过度或过少进食、不过度饮酒、参与可以给我们带来成就感和快乐的活动、保持干净,以及进行必要的健康检查。当我们面对越来越大的压力和紧张的环境时,做出这些行为改变和照顾自己变得尤为重要。

然而,由于种种原因,实现这些改变对我们来说往往相当棘手。我们可能对那些无益的行为太过熟悉,因为我们在很长一段时间内都在那样做。我们可能挣扎于是否应该做出这样的行为改变,以及挣扎于如何维持这些改变。(Riegel, Dunbar, Fitzsimons, et al., 2019)

进行自我照顾（甚至是仅仅产生自我照顾的想法）有时会让人产生一些关于自己或者育儿的强烈想法和观念。这些观念和看法经常受到我们自己父母或别人育儿经验的影响。在为家庭和父母提供支持时，父母经常说，他们没有时间照顾自己，他们可能觉得自己不值得，或者自我照顾是不可能、不值得，或者仅仅是因为对他们来说，把自己的身心健康置于孩子的身心健康之前是不可取的。

考虑我们自己的需求，并把这些需求放在首位，可能会让身为父母的我们感到不舒服、自私和可耻，特别是在我们自己的孩子正在与担忧和焦虑做斗争时，我们觉得那些才是优先要做的事。有时候，我们对他人的担忧会无意中分散我们对自身困难经历或个人担忧的注意力。这些心理障碍不应被低估或弱化。父母需要相当大的勇气来承认这些障碍，进而做出必要的情感工作以接受和照顾自己。

同样，你可能会发现，当你习惯于照顾其他人时，允许自己抽出时间来关注和关怀自己，可能会感觉像来到了一个陌生的国家。你可能感到很不舒服或有些自我放纵。如果你觉得自己能够并且愿意以新的方式来思考和回应自己，那么这样做可能会给你自己和他人的幸福水平带来积极的改变，并且能够增强你管理情绪和度过生活中压力时期的能力。归根结底，如果我们能够关怀自己，我们就能在一个更好的状态下去照顾我们孩子的需要。

照顾自己

我们可以做很多事情来改变照顾自己的方式。花点时间坐下来想一想,当我们在自我改善的过程中,有什么可能会帮助或阻碍我们,这个过程会很有帮助。

当我们感觉更有能力用善意和同情心关怀和照顾自己时,我们可能会发现自己有了更多的情感空间、容忍和耐心,来处理孩子需要我们帮助支持的各种情绪和行为挑战。当我们感到平静时,培养安抚和安慰自己的能力将使我们处于一个有力位置,可以做出有益的回应——首先平静我们自己对孩子情绪和行为的反应,然后再关注孩子的行为和任何隐藏的情感需求。

你可以做一做下面的问卷。清楚地写下对你有帮助的事情会非常有用。

问卷1：感觉情感上的联结

完成下面问题。请具体说明你觉得有帮助的活动或事情，例如"到XX公园散步""清晨在我的花园里看鸟""闻香草莓"，或说出你喜欢听的具体音乐曲目，而不是像"运动""音乐"等比较宽泛的概念。

什么能让我在情绪上感受良好？

例如：集体活动、独处的时间、健康的人际关系、爱好、关注我们的感受并富有同情心地回应、建立边界和说"不"等。

什么能让我在身体方面感受良好？

例如：充足的睡眠、健身、健康饮食、规律的作息、做按摩等。

什么能让我感到放松？

例如：美好的气味、质地柔软蓬松的东西、给自己一个拥抱或裹上一条舒适的毯子、一个温暖的浴缸、护手霜或乳液、置身大自然之中、看大自然的图片、音乐、热饮料等。

什么能让我感到舒服一些？

例如：承认那些棘手的情绪，并以一种善良和自我同情的方式回应自己；想象我最好的朋友会说什么；看一部舒适的电影或者环境屏保；听一些舒适的声音（雨声、大海声等）；想一些令人感激的事情；灵修、享受精神生活；等等。

是什么让我觉得能够与他人产生联结？

例如，什么活动能带来一种联结和使命感？工作、兴趣爱好、志愿工作、和朋友在一起、增加眼神交流、活在当下、信任、抽时间陪伴他人、带着同理心真正倾听别人等。

问卷 2：应对挑战，创造机会

试着想象一下你在照顾自己时会遇到的困难和阻碍，以及具体的场景，也会有帮助。通过下面的问题来试着确定你所面临的挑战，并找出你可以创造的机会。

什么可能会妨碍我照顾自己？（行为上或心理上）

例如：缺乏每日规划、参加太多其他活动、不知道何时开始怎样开始、其他成年人无视我的需要、感到自我照顾是一种软弱、感到内疚或没有价值、感到没有动力等。

什么会让我让我照顾自己变得更难？

例如：单亲父母的身份、缺乏社会支持、工作时间长、家人生病或健康不佳、感到精神不适（例如情绪低落或焦虑）等。

什么可以帮助我克服这些挑战来照顾自己？

例如：允许自己照顾自己、腾出时间探索让我感到安慰或与他人产生联结的事物、寻求他人帮助、加强社会关系、学会计划自己的时间、即使心情不佳时也做一些自己喜欢的事情、感觉心理健康出现问题时寻求专业的治疗等。

小　结

了解你对孩子的影响，包括他们的替代学习和你进行示范的方式，是帮助孩子积极向你学习的关键。然而，你必须照顾好自己，成为一个积极的榜样，并且缓解养育一个焦虑症孩子的压力。

通过使用本章中的表格，你可以列出一些方法来照顾自己，并且能够应对与此相关的一些挑战。这样一来，你就可以确保自己在帮助孩子时处于最佳精神状态。

参考文献及扩展阅读

Lader, M. and Marks, I. (2013) *Clinical Anxiety*. London: William Heinemann.

Moss, S. (2012) Natural Childhood Report. [Online]. Available at: <nt. global.ssl.fastly.net/documents/read-our-natural-childhood-report. pdf> (accessed: 1 February 2021).

NHS Digital (2017) *Mental Health of Children and Young People in England, 2017*. [Online]. Available at: <digital.nhs.uk/data-and-information/publications/statistical/mental-health-of-children-and-young-people-in-england/2017/2017> (accessed: 9 June 2020).

NHS Digital (2020) *Mental Health of Children and Young People in England,* 2020. [Online]. Available at: <files.digital.nhs.uk/CB/C41981/mhcyp_2020_rep.pdf> (accessed: 25 October 2020).

第 3 章

儿童通常会对什么产生恐惧？

萨姆·汤普森，注册心理健康护士和认知行为治疗师

本章探讨了常见的恐惧和恐惧症。我们首先将会看到儿童是如何描述常见的恐惧，以及这些恐惧在儿童身上是如何表现出来的。我们还将看到一些最常见的恐惧症，如：蜘蛛恐惧症、疾病恐惧症和上学恐惧症。本章随后还提供了一些克服这些恐惧的策略。

恐惧症通常可以被描述为一种非常强烈和持久的恐惧，这种恐惧是由于暴露于某种特定的环境下或事物下所引起的。恐惧和恐惧症是比较常见的，所有年龄段的人都经历过。成年人可能会经历各种各样的恐惧症，从晕血症到飞行恐惧症。这些恐惧和担忧会对一个人的健康产生重大影响，也会影响他们在特定情况下的应对能力。有这种恐惧的人会"高估"来自环境或事物的实际威胁（见第11章）。他们也可能将自己描述为"过度思考者"。在他们感到焦虑的时候，脑海里会同时出现许多想法。

孩子们的恐惧可能会变换不同形式，其中很多形式通常是我们意料不到的。儿童常见的恐惧症包括蜘蛛恐惧症、呕吐恐惧症和社交恐惧症。社交恐惧症往往有点棘手，我们将在第7章进一步探讨这个问题。下一节将更详细地描述常见的恐惧症，并为你提供可以用来帮助孩子的各种策略。

蜘蛛恐惧症

蜘蛛恐惧症是常见的焦虑症之一，普通人群中有3.5%~6.1%的人会受到蜘蛛恐惧症的困扰。患有此种恐惧症的人面对蜘蛛时会有一种强烈的恐惧感，不愿再看它（Leutgeb, Schäfer and Schienle, 2009）。这种恐惧的感觉导致了逃避行为的增加，人们会竭尽全力避免暴露在这种恐惧之下（见第1章，图1.5）。例如，有蜘蛛恐惧症的人可能会避免进入房子里以前遇到过蜘蛛的特定区域。在让别人替他们除掉蜘蛛之后，他们就不愿意再进入同一个房间了。与所有的恐惧症相同，持续不愿看到恐惧的最初来源，这样会加重人们痛苦和不安的水平。比如孩子可能会在你要求他完成日常任务时，或者在就寝时，变得越来越焦虑或不安。

呕吐恐惧症

呕吐恐惧症通常指的是一个孩子对将要呕吐的感觉或想法的强烈恐惧（Veale, 2009）。一个患有呕吐恐惧症的孩子可能会非常担心在其他人面前呕吐。他们可能对食物，以及他们能吃或不能吃的东西有异于常人的看法。例如，你的孩子可能会选择不吃垃圾食品或奶制品，因为他们担心这些事物会让他们感到恶心。在人们面前呕吐通常是孩子最大的恐惧之一。他们担心一旦呕吐，就会收到负面的回应和反应，因此会尽最大努力阻止这样的事情发生。孩子们可能会非常不愿意在餐馆或其他公共场所吃饭。患有呕吐恐惧症的儿童也可能对目睹他人犯恶心或呕吐感到厌恶。除非有适当的干预措施，否则这种恐惧会伴随孩子相当长一段时间。

呕吐恐惧症通常可以追溯到婴幼儿时期。在这一时期，孩子可能有一段关于恶心、呕吐的感受或观察到与呕吐相关场景的创伤经历。你的孩子也许可以回忆起他们的呕吐恐惧症是从哪一刻开始的。但是，当他们已经因为呕吐恐惧症感到高度焦虑时，不要期望他们能够很快回忆起来。经历呕吐恐惧症的孩子会常常描述他们想呕吐的感觉，但这其实是与焦虑的感觉相互联系的，这些症状往往是重叠的，特别是在涉及恐惧症的情况下。这些症状一直存在，而且往往会催化出压倒性的焦虑感。奇特的饮食习惯和限制饮食摄入往往被误诊为进食障碍或与饮食有关的障碍。

如果你的孩子正在经历呕吐恐惧症，那么通常情况下，他们也会受到社交恐惧症的困扰（见第 7 章）。在这种情况下很难区分这两种问题，特别是这两种问题都经常会让青少年在吃饭或在公共场所时感到恶心。

学校恐惧症

学校恐惧症是指孩子最开始拒绝上学的行为。孩子们经常表现出与不想上学有关的行为倾向，比如感到愤怒和沮丧。提到上学时，孩子们也会变得焦虑不安，表现出担心的迹象。这些行为可能在开学前的晚上，或学校假期结束后更加常见。孩子也可能会描述一些与担忧有关的身体症状，比如抱怨他们感觉恶心，或者在某些情况下，可能因为焦虑而呕吐。

患有学校恐惧症的孩子可能有引发进一步焦虑的倾向，尤其是在他们长时间远离教育环境的情况下。他们可能会开始担心无法赶上学习进度、缺席与学校朋友的社交，这些或者其他潜在的因素，使他们可能更不愿意返回学校。

我们要承认和意识到，拒绝上学和逃学之间有很大的区别。逃学往往与反社会行为有关，而不是情绪不安的问题，而且父母往往没有意识到这一点。父母要适当和学校联系，提出孩子在上学时遇到的困难。

孩子们被转学的情况也很常见。家长们希望能以这种方式为孩子提供解决困难的方法。然而，对于一个患有学校恐惧症的孩子来说，环境的改变实际上只是暂时的修复，就像在骨折的地方贴上膏药一样。作为父母，认清劲儿要往哪儿使是很重要的，尤其是要尽力找到最合适的解决方案为你的孩子提供支持。我们也明白，作为家长，你当然不希望孩子在上学方面遇到困难，但是如果孩子真有这方面的问题，运用适当的方法是可以帮助他们克服担忧，重新融入学校环境。如果你担心孩子的上学问题，并希望获得进一步的支持，请联系孩子的学校或当地的青少年心理健康服务机构。与呕吐恐惧症一样，学校恐惧症也常常与社交恐惧症有关（详见第7章）。

应对恐惧症的方式

避免恐惧

我们经常听到"逃避"这个词，尤其是在拖延和不愿意参与某项活动的情况下。但是逃避对一个患有特定恐惧症或对某种情况感到恐惧的青少年有什么影响呢？逃避会对他们的恐惧产生不利影响。孩子通常不能及时表达他们当时的想法，所以你可以直接发现他们行为或情绪上的变化。下面是一个例子：

> **比利**
>
> 比利7岁，和他的爸爸、妈妈还有10岁的姐姐住在一起。从小比利就被他的父母形容为一个"多愁多思"的人。据比利的父母说，比利害怕蜘蛛，大约在一年前，他看到了一只"大"蜘蛛从花园的石头下面爬出来后，他就更害怕了。从那以后，比利再也没来过花园。即使在夏天，比利也会选择待在家里，而他的家人则会在花园里烧烤。比利现在还不愿意使用楼下的浴室，因为他知道那里会有蜘蛛。

在上面的例子中，由于比利遇到蜘蛛的紧张经历，导致他在任何可能遇到蜘蛛的场合都能感受到强烈的担忧。他的担忧越来越强烈，由于害怕看到蜘蛛，他努力避免与蜘蛛接触。正如我们在第1章中看到的，逃避这些情境会增加担忧和痛苦的程度——让青少年意识到这一点很重要。

展现好奇

如果你的孩子正在受某种恐惧症困扰，那么这对他自己和家庭其他成员来说都是非常痛苦和苦恼的事情。年幼的孩子可能会比较幸运，没有意识到发生了什么，但他们还是很容易感受到兄弟姐妹的痛苦和沮丧（见第二章的"替代学习"）。重要的是，你要把这些情绪"拒之门外"，尤其是身为父母的你对此的感受。相反，你要在问题中表现出探索的欲望，尤其是在和孩子交谈的时候。我们要像是一个拿着放大镜的老派侦探，去寻找蛛丝马迹。我们需要知道为什么孩子会感到不安或生气。例如，你可以说：

"你能告诉我你现在的感受吗？"

"发生什么事了？"

"我注意到你最近不太想去上学。你能告诉我发生了什么事吗？"

对孩子采取一种好奇的态度是很重要的，尤其当他们因为不去上学而感到担忧的时候。提一些"开放性"的问题（不能用"是"或"否"来回答的问题）可以鼓励孩子大胆地谈论他们的担忧，不用害怕受到评判。通常情况下，孩子担心自己说的话会给他们惹上麻烦。

安慰

我们可能会发现，对于教育环境中工作的家长和工作人员，想安慰年幼的孩子是他们一种本能反应。人心都是肉长的，我们不愿意看到他们不安和痛苦，所以我们试图安慰他们来改善情况。然而，对于患有恐惧症的孩子来说，安慰或寻求安慰的行为会一次又一次向他们证明，他们无法应付正在发生的事情。恐惧症的治疗涉及到长期暴露在恐惧的对象或情况下，他们会感到不舒服，因而试图避开他们害怕的东西。尽量不要过多地安慰孩子，尽管你总是情不自禁地想要这样做，但这并不会帮助他们解决问题。事实上，甚至可能增加他们回避这些场景的倾向。这是因为从他人那里得到的大量安慰并不能为孩子正在经历的困难提供长期的解决方案。它还会导致"安全行为"升级，使孩子继续逃避某些场景。

在以下对话中，父母只给予了最低程度的安慰。

家长：罗西，我发现你最近不想去上学了。发生了什么事？

罗西：我不想谈这个。

父母：我知道你现在不想谈，但是如果你想谈，我们随时都可以谈。我发现你最近很难过，我不知道发生了什么事。你是不是最近很难过啊？

罗西：有时候我会觉得难过。

父母：哦，你的确很难过。我从你脸上的表情就能看出来。能说说你的具体感受吗？你不是一直都喜欢上学吗？

罗西：学校让我感到难过。

家长：为什么学校让你感到难过呢？

罗西：我不喜欢学校，大家对我不好。

上面的例子表明，对孩子表现出好奇可以鼓励他们谈论自己的感受，并解释他们在那个时刻经历了什么。重要的是，不要向孩子表现出任何形式的过度反应或任何潜在的愤怒或恐惧，因为他们可能会曲解这些信息。对于孩子来说，使用表情符号会很有效，特别是当他们不确定自己的感受时。孩子在识别表情符号和不同的面部表情方面非常出色。你可以从不同的地方购买表情符号骰子。猜测表情符号的结果没有对错之分，因为孩子对表情符号的理解与他人不同。纠正孩子的行为可能会让他们觉得你是在否定或拒绝他们的感受。

暴露阶梯

对于正在经历任何一种恐惧症的孩子来说，直面恐惧症的想法是非常可怕的。你可以从这个角度想，如果有件事情你一直拒绝，然后有人要求你面对这种恐惧，这会让你感到极不舒服。帮助孩子克服恐惧症中的恐惧和担忧的方法之一就是建立一个接触恐惧的阶梯。我们把最不害怕的东西或情况放在阶梯最下面，然后一起努力，沿着梯子的阶梯往上爬。强调合作是非常重要的，因为这对孩子来说更有意义，他们也可能想要合作。图 3.1 是一位患有呕吐恐惧症的孩子的阶梯示例。

使用暴露阶梯可以让你的孩子不会因为长时间暴露在恐惧中而不知所措。

过度的恐惧刺激被称为"满灌疗法"，可能会让孩子在未来感受到更多精神创伤。相反，一个充满合作的暴露阶梯可以帮助孩子们确定他们需要做什么来克服恐惧。这是因为当一个人经历担忧或恐惧时，潜意识里会被告知他们不能这样做，这是危险的——威胁系统敲响警钟就是为了这个。在阶梯上一步一步向上前进可以增强孩子的信心。如果你对与孩子搭建和使用"暴露阶梯"有任何疑问,请与青少年心理健康服务机构的工作人员或合适的临床医生联系。

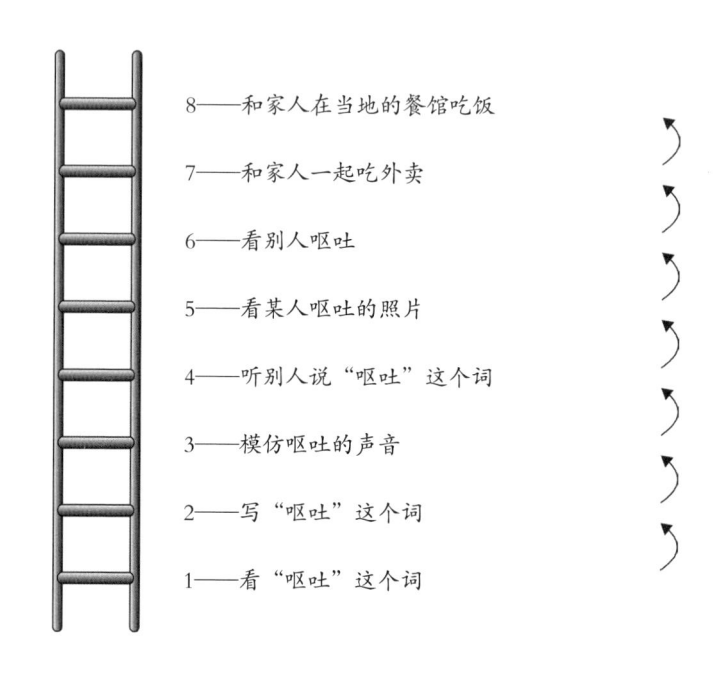

8——和家人在当地的餐馆吃饭

7——和家人一起吃外卖

6——看别人呕吐

5——看某人呕吐的照片

4——听别人说"呕吐"这个词

3——模仿呕吐的声音

2——写"呕吐"这个词

1——看"呕吐"这个词

图 3.1 "暴露阶梯"示例

不愿接受帮助

患有恐惧症的儿童也可能不愿意寻求帮助和支持来克服恐惧症。你的孩子可能会发现谈论正在发生的事情很困难。他们可能会预感到,如果他们这样做了,可怕的事情就会发生。重要的是要鼓励孩子发展他们克服恐惧和担忧所需要的技能。你可以通过本地的青少年心理健康服务机构获得进一步的支持。以下是一组可以借鉴的对话:

家长：耶利米，我知道过去几个星期你不怎么愿意吃饭。一切都还好吗？你以前很喜欢我做的饭。

耶利米：我现在什么都不想吃。

家长：为什么呢？你平常都想吃的。你吃饭的时候有什么感觉？

耶利米：我对自己吃的东西感到非常紧张和担心。

家长：我理解你的感受，但我想知道你为什么紧张。

耶利米：我吃东西的时候觉得恶心，而且我真的不想吃东西。

分散注意力的技巧

当孩子感到特别焦虑或担忧时，他们可能会难以表达自己的想法。根据孩子焦虑的严重程度，他们可能会变得更加焦虑。如果暴露在这种情况下会加速孩子的焦虑，那么你可以鼓励他们使用分散注意力的方式来减少焦虑。分散注意力可以有效地帮助孩子不去想是什么原因导致了他们这种程度的痛苦。所有的孩子都有自己独特的分散注意力的方法：问问他们如果他们感到忧虑，什么行为可以帮助他们放松。你可以称之为"分散注意力工具包"或者类似的名字，并鼓励他们添加自己喜欢做的事情。下面是一些分散注意力工具包可能含有的内容：

分散注意力工具包示例
- 画画
- 制作史莱姆泥
- 玩指尖玩具
- 玩桌游
- 跟朋友/家人聊天

表情符号时间

许多孩子很难区分想法和感受。当他们谈论自己的想法和感受时，会混淆两者，这让人很困惑。把他们的真实感受分解开来很重要。认识情绪可以帮助孩子理解他们的感受。对于年龄较小的孩子，如果他们此时不愿意说话，使用表情符号可以帮助他们理解自己的感受。图3.2是一些表情符号，描述了人们可能经历的普通情绪。试着通过以下练习来探索不同的感受：

1.打印如图3.2（或类似图）所示的一些表情符号。

图3.2　一些表情符号

2. 剪下每个表情。
3. 将表情符号放入碗中。
4. 让孩子挑出一个表情符号,并解释它是什么表情。

对话可以这样进行:

大人:我在这个碗里放了很多表情符号。我不怎么用表情符号,所以我想让你们把每一个表情符号拿出来,然后告诉我,你们认为每一个表情符号代表什么样的情感,可以吗?

阿亚安:可以!

阿亚安从碗里挑出代表"担心"的表情符号

大人:那是什么表情?

阿亚安:我觉得它看起来像是"担心"或者"害怕"。

大人:阿亚安,你为什么这么说?

阿言:嘴唇是弯折的,一般这就说明你在担心着什么。

成年人:什么会让你感到担心?

阿亚安:很多东西。我担心我的家人会受到伤害或被绑架。

记住,不要帮孩子去猜表情符号,而是给他们时间,让他们自己弄清这些表情都代表什么。他们可能需要一些提示来理解某些表情符号。

写下来

当孩子们对某种情况感到特别焦虑或担忧时,他们往往会反复思考自己的想法或感受。虽然我们不会也不敢自称会读心术,但我们可以看出孩子的某些特定的行为方式,特别是当孩子们在经历强迫观念和强迫行为的时候。一种方法是鼓励孩子们把他们正在经历的烦恼写在一个类似于下表 3.1 中。当孩子们感到特别担心时,这张表格可以鼓励他们把自己的经历具体化。每一栏都将当前的情况分解成正在发生的事情,以及他们的想法和感受。

表 3.1 担忧示例表

发生了什么?	我对此的感觉是什么?	我在想什么?	我做了什么?
过了周末以后不想去学校。	刚开始很担忧、很紧张,后来放松了。	我不喜欢学校,我觉得学校没人喜欢我,学业压力太大。	我去跟妈妈聊了这件事。

为了帮助孩子理解、探索他们的情感,常常会用到"冰山"的比喻。你可以解释冰山是什么,它是什么样子的。你可以鼓励孩子也画一个冰山,这有助于孩子理解,再跟他们一起回顾一下画的内容。

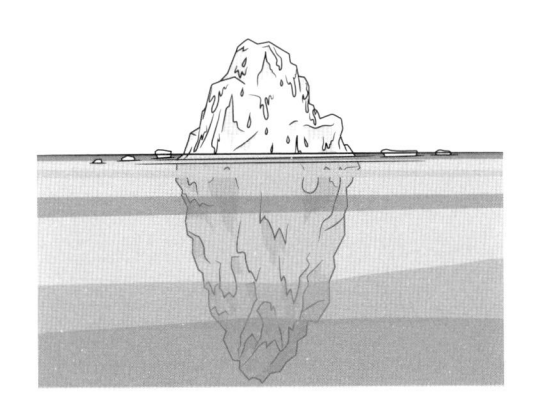

图 3.3　冰山谈话示例

家长：卡琳，你能告诉我你画了什么吗？

卡琳：这是冰山。

家长：这座冰山看起来真漂亮！你知道什么是冰山吗？

卡琳：海里的某种东西。我记得在学校里学过泰坦尼克号。

家长：哦，真的吗？泰坦尼克号怎么了？

卡琳：泰坦尼克号撞上了冰山。

家长：是的！你记得真清楚。冰山有什么特别的地方？

卡琳：你只能看到冰山的一角。

家长：没错。你知道下面是什么吗？你能为我画出来吗？

卡琳：嗯，可以。

家长：所以我们能看到的是顶部，是吗？我们看不到下面的东西。有的时候，人们可能看出我们感到害怕或愤怒，但他们不知道我们其他的感觉。就像冰山一样，他们看不到冰山下面的东西。你觉得有道理吗？

卡琳：有道理。

家长：这和你的感受有什么关系，卡琳？

卡琳：当我生气的时候，我也会感到害怕和困惑，但是没有人看得到。

小　结

本章为可能正在经历恐惧或恐惧症的孩子提供了一系列的策略。恐惧对于我们所有人都很常见。制定一个清晰的计划、使用暴露阶梯的方法，以及对孩子为什么会有这样的感受表现出好奇，这些方法可以帮助我们克服这些困难。本章讨论的许多方法将给你和孩子提供机会，让你们可以度过愉快的时光，有创造性地应对孩子们的焦虑，从而高质量地共处。

参考文献及扩展阅读

Leutgeb, V., Schäfer, A. and Schienle, A. (2009) 'An event-related potential study on exposure therapy for patients suffering from spider phobia', *Biological Psychology*, 82(3), pp.293–300.

Öst, L.G., Salkovskis, P.M. and Hellström, K. (1991) 'One-session therapist-directed exposure vs. self-exposure in the treatment of spider phobia', *Behavior Therapy*, 22(3), pp.407–422.

Veale, D. (2009) 'Cognitive behaviour therapy for a specific phobia of vomiting', *Cognitive Behaviour Therapist*, 2(4).

第 4 章

如何应对广泛性焦虑？

安·考克斯，注册心理健康护士和认知行为治疗师

本·利亚，注册心理健康护士和认知行为治疗师

这一章我们讨论广泛性焦虑。广泛性焦虑与本书其他章节所讨论的那些比较明显的焦虑症（如恐惧症、学校恐惧或总担心坏事发生）不同。广泛性焦虑可以是关于"如果"的担忧，担忧的对象常常是未来发生的事件。这些担忧可能各不相同，而且可能给孩子带来很多麻烦。这些担忧有时与孩子生活中发生的事情有关，有时与生存事件有关，比如行星碰撞或自然灾害（如饥荒，或其他不太可能发生的灾难性事件）。本章将详细论述广泛性焦虑，还将提供一系列可缓解症状的方法，供你和孩子尝试。

什么是广泛性焦虑？

广泛性焦虑在儿童和青少年中非常普遍。目前数据显示，8%~22%的儿童和青少年可能受焦虑症折磨。广泛性焦虑引发的症状最有可能在11岁到20岁出头之间开始出现，在女性中更为常见，但在年龄更小的孩子中也并不罕见。

虽然焦虑在儿童中很常见，但焦虑的类型有很多种。有些孩子可能患有特定的恐惧症，比如旁边有狗时会极度焦虑；有些孩子可能在社交场合比较挣扎；还有些孩子可能总感觉自己的健康有问题，因此而感到焦虑。

广泛性焦虑患者的不同之处在于，他们虽然会经历一些诸如社交恐惧症患者或过度担忧健康患者相似的焦虑，但他们并不局限于这一特定的领域，他们的焦虑更为广泛。同样，孩子会担心各种其他未来的生活和情况，同时也会担心他们的这种担心在未来可能产生的结果（即"焦虑于焦虑本身"）。

有广泛性焦虑的孩子会担心生活中他们难以控制的方方面面。他可能会被别人看作是一个"杞人忧天的人"。他可能显得过于谨慎，经常从别人那里寻求安慰。同时也会因为害怕不好的事情发生而逃避特定的场景。有这种担忧的孩子可能也会觉得担忧是件好事，能够保证他们的安全。担忧能让他们阻止"不好的"事情发生，并在"不好的"事情即将发生时做好准备。虽然成年人可能会认同这一点，承认担忧确实能够有所帮助，但对于孩子来说，担忧可能会成为非常严重的问题。孩子如果担忧很多现在不太可能发生的事情（比如死亡，没有足够的时间来完成某事，行星碰撞，等等），他们会放弃很多活动。相反，如果他们不那么担心的话，可能会很享受这些活动。

症状有哪些？家长可能看到什么？

与其他焦虑相比，广泛性焦虑患者的症状可能看起来有些不同。经常担心各种与未来有关情景的孩子总会有某种程度的焦虑"冒泡"，但症状可能不是特别严重。一个害怕狗并接触到狗的孩子，或者一个有社交焦虑却被要求在全班同学面前朗读的孩子，会显示出更加严重的症状。广泛性焦虑的焦虑"冒泡"不是那么极端，但会存在非常长的时间。而关于广泛性焦虑，对于父母来说，引发孩子焦虑的诱因可能并不是那么容易识别。

帮助孩子克服焦虑的第一个步骤就是识别焦虑，然而这一步可能并不容易。挣扎于广泛性焦虑的孩子可能很谨慎、害羞，有些可能非常渴望取悦和服从周围的人。然而，一些焦虑的孩子也可能有不同的表现，他们的问题行为包括发脾气或者不服从等。看到这些行为的人可能认为孩子只是调皮，而不觉得孩子处于焦虑中。第3章中的冰山比喻是深思孩子行为的好方法；有时，当孩子以特定方式行事时，可能背后会有很多不为人知的情况。任何行为都是一种沟通方式，用这种方式来识别行为，可以帮助你探索孩子在尝试向你表达什么。

广泛性焦虑患者可能体现的症状：

- 寻求安慰——可能是口头安慰、（对于大一点的孩子来说）短信安慰、来自朋友或网络的安慰。
- 心烦意乱。
- 烦躁或紧张不安。
- 容易疲劳。
- 肌肉紧张。
- 难以集中注意力。
- 有睡眠问题（入睡和保持睡眠状态方面）。
- 易怒。

这些症状有时很难被发现，这可以理解，因为它们与许多其他可能出现的困难症状重叠了。有强迫性思维的人可能会因为自己的强迫性思维而寻求安慰；而情绪低落、压力大的人也可能会表现为紧张、疲惫和难以集中注意力。许多困难都呈现出普遍、常见的症状，确定这些症状的真实诱因很重要，你会由此了解到孩子需要哪种类型的支持。

为了深入了解这些症状，可以从更广泛的角度考虑，从症状出现的时间和原因去分析。如果你需要更多帮助，我建议你阅读第 7 章的"和你的孩子聊聊"一节。这一节会帮助你更多地思考孩子的困难是什么时候演变成了问题，是在什么地方出现的问题，以及在什么情况下这个问题会出现。

广泛性焦虑的影响

广泛性焦虑会在很多方面对孩子产生影响。我们可以把孩子放在家庭、学校和社会这三个主要环境中考虑。通过认识这些影响,你将能够确定你的孩子是否正在与广泛性焦虑做斗争。这些影响并不局限于广泛性焦虑,也可在其他形式的焦虑中见到。找出这些影响的真正原因或症状,对于确保给孩子提供正确的支持和帮助非常重要。

对个人的影响

从孩子个人角度来说,担忧会降低孩子的自信心。你可能会发现孩子现在能做的事情比以前少了:他们可能不再从事他们曾经的爱好或某些活动。过度担忧的孩子可能会与朋友相处时间更少、在卧室时间更多,而且可能会从家人或朋友那里寻求更多安慰。高度的焦虑也与低落的情绪有关。低落的情绪会影响孩子的积极性和注意力,孩子会变得更消极,更加频繁地自我批评,自尊心也会受到伤害。如果你把持续性担忧这一症状本身放到这些症状中,你就会发现,广泛性焦虑是如何削弱人的精力的。孩子可能会注意力涣散、不集中,可能很难入睡。孩子似乎更容易在晚上受担忧的困扰,所以检查一下孩子的睡眠情况,对了解担忧对孩子的影响很有帮助。

哪些策略可以减轻广泛性焦虑对个人的影响？

当孩子们开始退缩或比以前做事少的时候，可以让他们重新开始做这些事情，以及更多地与人相处。焦虑的循环有点像恶性循环。图 4.1 展示了这种广泛性焦虑的恶性循环：

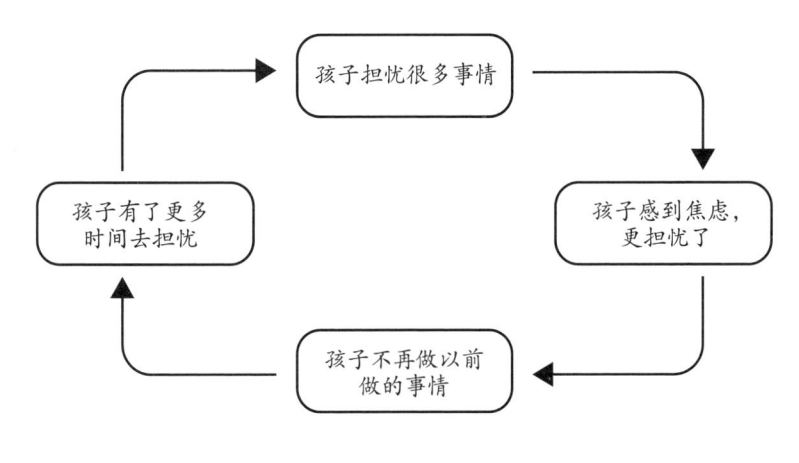

```
孩子担忧很多事情 → 孩子感到焦虑，更担忧了 → 孩子不再做以前做的事情 → 孩子有了更多时间去担忧 → （循环）
```

图 4.1　广泛性焦虑的恶性循环

你可以试着让孩子重新尝试已经不再做的事情，这样会减少他们担忧的时间，还会让他们参与更多的活动，和更多的人在一起。情绪低落与焦虑形影不离。关于情绪低落，我们所知道的是，我们的身体活动越多、与他人的联系越多，我们的情绪就越好。你可以让孩子不要总是待在房间里，而是去参加家庭活动、花更多时间与朋友相处或者接触大自然，这些都被证明对改善情绪和减少焦虑有着积极的作用（见第 1 章）。如果你能改善孩子们的情绪，那么这将对他们的焦虑产生积极影响。

自我批评在广泛性焦虑患者和情绪低落的人中很常见。当你听到孩子的自我批评，你可能会很难受，特别是当你清楚地知道这种批评不是事实的时候。然而，当孩子有这样的感觉时，告诉他们对自我的批评并不是事实，而且可能没什么用处。你的孩子可能会觉得你这是不理解或不认可他们的感受。你可以帮助孩子以积极的方式更客观地看待事情。试着让孩子每天都写下发生的三件好事或积极的事情，这可以帮助他们从消极的情绪中短暂地脱离出来。在适当的时候寻找积极的事情会慢慢打破消极的循环，特别是与更多的活动联系到一起时。积极的事情可以是说出你曾经度过的美好时光，或者口头描述你有多么喜欢那杯茶。小小的、积极的肯定，对打破消极和自我批评的循环真的很有帮助。

对家庭生活的影响

孩子不断从父母或其他照顾者那里寻求安慰可能是焦虑在家庭中造成的最大影响。作为父母，安慰孩子是正常的，但到了一定程度时，安慰可能会变得毫无帮助。我们在第 1 章中讨论了这个问题，并提供了一些对策，可以帮助你的孩子自我安慰。焦虑会让孩子更加依赖你，而寻求安慰就是一种典型的行为。帮助孩子变得独立对克服焦虑非常有益，能够减少孩子寻求安慰的行为，增强孩子的自信。如果你的孩子能够自我安慰，那么他们学到的这个绝佳本领可以一直伴随他们长大成人。

你的孩子可能会看起来在"退化"，也就是说他们可能表现得比实际年龄要小。这在儿童中很常见。如果孩子在心理上感到不安全，他们就有可能会这样做。他们所有的担忧和症状会让他们高度焦虑。孩子试图通过表现得像一个年纪更小的孩子，来让父母为他们提供更多支持。我们在前面已经看到，行为是一种沟通的形式，这就是一个典型的例子。

哪些策略可以减轻广泛性焦虑对家庭的影响？

我们在第 1 章中讨论了安慰的问题，所以现在我们再回到这个话题，了解一些有用的想法，让你可以不给予孩子比平时更多的安慰，而是支持你的孩子自我安慰。如果孩子学会了如何自我安慰，他们就会发展出独立性，反过来会增加他们在处理某些情况和担忧时的整体信心。这也会改善他们的情绪，对他们管理焦虑的能力产生积极影响。提高孩子的独立性很容易，可以通过很多方式来实现，例如：

- 使用工具：剪刀、刀具、木工或园艺工具。
- 责任：跑腿、喂动物、摆桌子、换床单。
- 增加他们在日常活动中的作用：帮忙做饭、帮忙照顾植物、帮忙购物。

每一项活动都会提高孩子的独立性。你不仅让孩子在每次活动中进一步提高独立性，同时也是在支持孩子学习和成长。例如，如果他们正在做饭，在第一次的时候你可以帮助他们完成一些相关的任务。如果你们要吃脆皮面包，第一次可以是你切面包，孩子给面包涂黄油。第二次是你帮孩子切面包，他们给面包涂黄油。第三次是孩子独立地切面包，并自己给面包涂上黄油。虽然这些不是直接应对焦虑的策略，但随之增强的信心和独立性将会帮助孩子对抗焦虑。在这些活动中，你和孩子花在彼此身上的高质量时间也会间接地改善他们的焦虑和担忧。

对学校生活的影响

当孩子总是担心"如果"的时候，脑子里就没有多少空间去思考其他事情了。因此，他们在学校可能会严重分心。因担忧而心烦意乱的孩子往往无法完全理解课堂上对他们的要求。这可能会影响他们的课堂作业，也会影响对家庭作业的理解。有广泛性焦虑的孩子可能会有社交退缩现象，不想和别人在一起，所以如果老师注意到孩子的交友情况发生了变化，或者孩子独处的时间更多了，这可能表示事情不太对劲了。如果焦虑对学校生活产生的影响不能很快得到解决，学校就有可能变得过于沉重，他们可能开始请假或逃课。如果他们变得尤其担心学校问题，那可能是广泛性焦虑变成了另一种焦虑，如社交焦虑（其中包括表现焦虑），考试焦虑或发言焦虑（第7章），也可能开始对上学感到特别焦虑，并发展成学校恐惧症（见第3章）。如果这种情况确实发生了，不要因为焦虑的这种变化而惊慌失措——广泛性焦虑经常会有所变化并集中于某些领域。你需要针对焦虑的诱因重新调整策略的重点，所以在这种情况下，参考第3章和第7章中的建议会有所帮助。

哪些策略可以减轻广泛性焦虑对学校生活的影响?

你可以通过口头加书面的形式为孩子提供支持,这样做会对孩子完成课堂和家庭作业有帮助。在家里提供书面和视觉信息也会很有用。比如写一个时间表,或者提供一个日间任务图片时间表;表里可能包括他们所有的卫生需求、家庭作业、家务以及自由活动时间。其他的书面信息可以包括设置自我关爱的日记时间,这样当孩子看到墙上的日历或白板时,就能看到这些提醒的信息。这给了孩子机会,当他们感觉不那么焦虑的时候,可以回过头来阅读这些信息。有了书面的信息,孩子会感到更加放心。学校应该支持你和孩子,每周给你们一个固定的时间来讨论在学校遇到的困难,看看他们能帮到你们什么。通常,学校的心理辅导的老师会帮助和支持这种困难的孩子。你可以查一下学校心理辅导老师是谁,并与他们取得联系。

让孩子正常生活和上学对应对任何形式的焦虑都是有益的,因为这能让孩子忙碌起来,分散他们的注意力,比他们身处家庭这种松散的环境中更有帮助。你给焦虑设定的界限越多,焦虑就越容易被控制。

对社会生活的影响

我们已经发现,在孩子与广泛性焦虑做斗争时,放弃社会活动会影响到他们的生活,并探讨了改善这种情况的策略。广泛性焦虑会给孩子的交友带来压力,这通常是因为孩子会经常担心他们在交友中是否做错了什么。因为孩子高度的自我批评,使得他们觉得自己不值得与朋友在一起,或者觉得自己不够好。当这种情况发生时，他们的交友情况很可能会受到影响。

孩子的社交媒体生活可能是另一个重大影响。他们可能将自己与他人进行比较，产生更多自我批评。一些孩子可能经常在社交网络上发表自嘲信息或发表自己的感受，这是他们寻求帮助的方式，但这也可能会让孩子极易受到他人反应的伤害。孩子们可能会忘记，甚至没有意识到在网上发布信息的长期后果，也没有意识到这些信息可能会永远留在网上，给他们以后的生活带来麻烦。

减轻广泛性焦虑对社会生活影响的方法

和孩子谈论如何管理社交媒体账户可能是一个很棘手的话题，但进行开放性谈话是很重要的。你需要知道孩子在账号上看了什么，或发布了什么。与孩子开诚布公地谈论社交媒体，可以让你帮助、保护孩子的线上安全，减少未来潜在的难题，同时减少广泛性焦虑。

让孩子与朋友、爱好和社会活动保持联系也会对他们有所帮助。焦虑和担忧难免会引起的一些潜在的退缩行为，不让孩子脱离社会环境，有助于对抗这些行为。正如我们之前所说，与大自然接触益处多多。走出家门，去林地散步，在大自然中组织各类活动更可以一举两得。

应对广泛性焦虑的策略

保持常规化和结构化

我们在关于学校和日常生活一节中已经简单地讨论过这个问题。当孩子不那么忙、有更多时间去担忧的时候,他们的广泛性焦虑会加重。

控制担忧,而不是让担忧控制你的孩子

如果你的孩子能够设定一个特定的时间,在整个这段时间内去担忧,然后把其他时间的担忧从大脑中赶走,那么他们就能控制担忧,而不是让担忧控制他们。这是一件很难做到的事。"担忧时间"应当发生在一个很无聊的环境中,而不是在卧室、客厅或厨房这些家里安全、温暖的地方。我们不想让忧虑的感觉和温暖的感觉混淆在一起。类似杂物间、车库、棚屋或厕所这样的地方可以成为很好地度过"担忧时间"的场所。

下面让我们看一个例子,这是默罕默德一天里的"担忧时间":

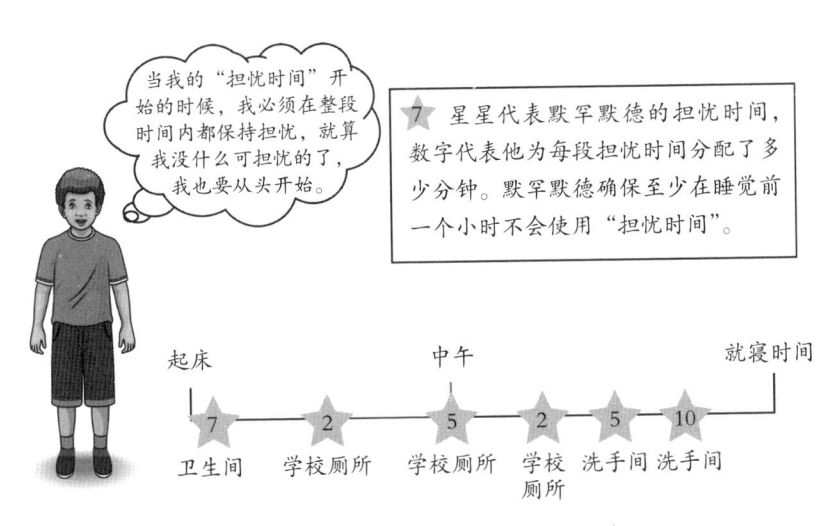

当我的"担忧时间"开始的时候,我必须在整段时间内都保持担忧,就算我没什么可担忧的了,我也要从头开始。

7 星星代表默罕默德的担忧时间,数字代表他为每段担忧时间分配了多少分钟。默罕默德确保至少在睡觉前一个小时不会使用"担忧时间"。

起床　　　　　中午　　　　　　　就寝时间

7　　2　　5　　2　　5　　10
卫生间　学校厕所　学校厕所　学校厕所　洗手间　洗手间

默罕默德什么时候使用焦虑时间

图 4.2　使用担忧时间的例子

每段担忧时间的长短是根据孩子一天中这段时间担忧的程度来衡量的。在你决定时间分配之前,你和孩子可以花费 5 分钟尝试,看看有没有困难,这样你就可以对时间分配做出明智的决定。每当担忧时间过去一周后,就可以改变对担忧时间的分配。如果现有时间分配有效,那么可以保持相同的时间,或者稍微减少时长。如果不起作用,则可能需要增加担忧时间出现的频率或在一天中分配更多的担忧时间。但要确保担忧时间至少不要在睡前一个小时内发生,这将有助于保持孩子的睡眠时间以及在夜晚无忧。担忧时间操作起来并不容易,但是孩子如果能持之以恒,并充分利用分配的担忧时间,就可以有效控制他们的担忧。

重新聚焦思维

1. 通过重新聚焦思维，孩子可以在一定程度上控制他们当下的想法。孩子可以通过很多方式做到这一点，你也可以和他们一起享受乐趣。其中一个简单的方法是利用字母表作为话题讨论的基础。让孩子选择一个他们喜欢的话题，例如，动物、体育运动员、角色、空间和行星。孩子可以从由字母 A 打头的单词开始，列举一些事物，然后是 B，再然后是 C。例如，如果主题是动物，可能是羚羊（Antelope）、海狸（Beaver）、牛（Cow）等，直到他们给字母表的每个字母都找到了一种动物，一直到 Z 斑马（Zebra）。重新集中注意力和控制思维将帮助孩子感到更有自信，让他们觉得可以管理自己的想法。

2. 我们在第 12 章提供了一个五感技巧，可以随时随地操作。

睡前流程

有一个良好的、放松的、有规律的睡前流程可以帮助减少广泛性焦虑，特别是将其与"担忧时间"结合的时候。一些睡前活动可以帮助孩子获得更安宁的睡眠。这些活动不包括电视、iPad、游戏机、手机或任何有蓝光（科技产品发出的光）的产品。睡前淋浴或泡澡可以帮助身体更好地放松。阅读、绘画或听音乐等活动也能帮助孩子放松。

小　结

本章提供了许多帮助解决广泛性焦虑的方法。一致性是关键。试图控制恐惧或担忧的思想总是很困难，但坚持将有助于将担忧控制在一定范围内。

参考文献及扩展阅读

NHS Digital (2020) *Mental Health of Children and Young People in England, 2020*. [Online]. Available at: <files.digital.nhs.uk/CB/C41981/mhcyp_2020_ rep.pdf> (accessed: 25 October 2020).

第 5 章

焦虑对孩子的神经发育有影响吗？

劳伦斯·鲍德温博士，

注册心理健康护士

本章介绍了担忧和焦虑是如何在神经发育障碍患者身上展现的。神经发育障碍包括自闭症、多动症、阅读困难和抽动障碍中的妥瑞氏综合征等。焦虑在这些青少年中非常普遍，但是由于焦虑的各种表现形式常常只被视作是消极行为，所以人们通常并不认为他们焦虑。这一章介绍了焦虑的表现形式，以及如何能够提供最理想的帮助。

什么是"神经发育障碍"?

"神经发育障碍"是一个医学术语,这个术语涵盖了广泛的不同病症。但因为患有这些病症的人表现出的行为各不相同,人们很容易就能分辨出大多数病症。这是个很大的缺点,因为有些人会认为这些病症大部分只是那些行为本身,而不去思考行为背后的人,以及是什么原因导致了这些行为的发生。

标签有用吗?

用来描述神经发育障碍的标签各不相同,它们反映了医疗保健和医疗行业如何了解这些病症的历史。主要的标签(拥有最多患者的标签)是多动症和自闭症,但不同类型的神经发育障碍还有很多名称(见下面"一个词里有什么"的方框)。名称和标签很重要,因为它们是简明扼要的行业术语,并且能够体现人们是如何理解这些病症的。这样一来,当人们谈论你或孩子的病症时,你能从他对这些词语的理解看出他对疾病的了解程度。一直以来,人们也曾想不给儿童和青少年贴标签,虽然这样做的初衷是好的,但如果因此延误了儿童获得所需帮助的时机,那就无益了。从发展的角度来看,"不贴标签"的出发点是,儿童和青少年仍在成长,身体和精神都在变化,所以在他们很小的时候就给他们贴上医学标签,这可能会伴随他们的一生,而且即使这个标签或诊断是错误的,也很难被改变。针对某些情况来说，这种说法是公平的，尤其是在涉及歧视时。而且针对那些更加明确的精神健康问题时，"不贴标签"也许应该成为一个准则。例如，"人格障碍"这个词是相当有污名性的，一旦出现在你的病历中，就很难摆脱。这个词严格来说不应该被用在18岁以下的人身上，因为他们的人格还在发展中。一些医护人员会对儿童和青少年使用"新出现的未确诊的人格障碍"一词，这样做也完全没用，尤其是最新的理念是，这些问题很多都可以从患者的创伤经历，及其应对这些经历和生存的方式的角度来理解。

然而，神经发育障碍不同于后天产生的心理健康问题。如果你生来就有神经发育障碍，虽然它可能会在你的一生中发生改变，你也可以学着去适应它，应对它给生活带来的额外复杂性，并且继续茁壮成长，但是这种障碍实际上是你的一部分，它的"神经"部分在你的大脑中是固定的。明白了这一点，你周围的人就能够理解你为什么会做出某些行为，因为很多行为是很难被改变的，而且神经发育障碍的运作模式可能会让你更难改变自己的行为。这并不是说我们不能尝试去解决这些问题，以获得更好的生活，而是我们应该认识到，患神经发育障碍可能意味着对你来说改变事情并不是一件易事。这就是标签开始派上用场的地方了。因为如果你有一个公认的标签，或是来自医疗、保健专家的诊断，那么人们就必须开始认真对待潜在的困难，并认识到他们需要以不同的方式来帮助你。在一些国家（包括英国），得到诊断是有法律意义的，这意味着教育部门有法律义务提供所需的额外帮助。

标签可以提供一个指引，告诉我们患者的哪些困难最突出，哪些因素是最需要考虑的。目前，医疗保健界喜欢把所有自闭症患者称为患"自闭症谱系障碍"，但这种说法覆盖的人群范围很广，而之前使用的标签有所不同，更具体一些。例如，典型自闭症患者与阿斯伯格综合征患者的表现通常是不同的。但这些标签都没有考虑到患者存在的是哪种程度的学习障碍。对于医疗保健专业人员、社会护理人员和教育工作者来说，这些标签应该提供有关病症类型的信息——例如，患者是否在有注意力问题的同时存在多动症——并且以此判断如何提供帮助。

同时，还要记住，每个患神经发育障碍的人都是不同的。虽然他们的某些症状性行为和思维模式可能与其他同一标签下的人相同，但他们是具有不同个性、来自不同背景的独立个体，这意味着他们在面对事物时可能会有不同的反应。这会让事情变得有些棘手，尤其是对于那些教育界人士来说（据我的经验），他们会纠结于怎样才是提供帮助的最佳方式。

"神经多样性"是什么意思？

我们已经说过，标签或诊断对于帮助人们理解症状的组合来说很重要，而且神经发育障碍是大脑所固有的，但是，还有一种思维方式也同样很有用，它通常被称为"神经多样性"。这种说法在史蒂夫·希尔伯曼（Steve Silberman，2015）写的《神经部落：自闭症遗产以及多元神经系统的未来》一书中得到了推广。该书的内容主要围绕自闭症展开，但书中总体理论认为人类实际上是由非常广泛的不同类型的人组成的，我们都存在于这个谱系的某一部分上，所以神经发育障碍应该被视为这个范围，或者说这个谱系正常的一部分。这种思维方式接受各种形式的差异，比如它很符合现在很多人对性别的看法。它也让人们以更积极的方式思考神经发育差异带来的积极影响：一些自闭症患者非常专注，这种专注会带领他们走向科学上的突破；一些有注意力问题的人非常有创造力和艺术性。找到一种驾驭和使用这些优势的方法可能是一种更好的思维方式。

有许多可以用来描述自闭症的术语，比如儿童自闭症、阿斯伯格症和高功能自闭症。广泛性发育障碍和病理性需求回避被用来描述自闭症谱系上的一部分障碍。这一系列病症表明了自闭症谱系的多样性。同样，也有一系列术语用来描述注意力困难，其中包括注意力缺陷多动障碍、注意力缺陷障碍，还有些术语被用来描述不同的神经发育问题，包括阅读障碍、计算障碍、妥瑞氏综合征和运动障碍，它们展示了神经发育谱系上的各类情况。这些只是神经多样性谱系中的一部分问题，说明了问题种类是多么广泛和多样化。关于所有这些问题，要记住很重要的一点：它们与大脑的连接是固定的，因此会伴随人的一生。然而，随着孩子的成长，孩子管理自身情况的能力在进入成年期后会有所提高。

神经多样性人群的焦虑有何不同？

针对神经多样性人群，要意识到两个与焦虑有关的主要问题：一是焦虑的来源是什么？二是应对焦虑的方法有什么不同之处？本书其他部分提出的观点、方法和技巧对于有神经发育障碍的儿童和青少年都适用，但这些方法很可能因为每个个案思维模式受影响程度的不同而被复杂化。

是什么导致了神经多样性儿童的焦虑？

尽管神经多样性儿童焦虑的原因可能与其他孩子相似（创伤、欺凌、担心父母和朋友、健康焦虑，甚至气候变化），但在理解焦虑成因方面，基础病症的性质所起的作用比人们之前认为的更大。例如，人们一直普遍倾向于认为有注意力问题的人只是"活在当下"，不会太担心别人对他们的看法。这是一种很肤浅地看待注意力问题的角度。更好的理解方式是看到一个循环的发展，也就是冲动或注意力不集中会导致其他人的某些反应模式，而这些反应可能会导致焦虑。特别是当有注意力问题的孩子年龄渐长，他们对如何应对自己的生活方式有更深刻的见解时，会注意到这些模式，并可能会因他人对自己行为的反应感到焦虑。孩子在成长过程中会开始越来越重视同伴关系，而非家庭关系。对于他们来说，这种焦虑往往表现为难以与同伴建立和维持有效的关系。作为基础病症的一部分，他们的注意力不集中和不专心，会开始被朋友们视为不成熟的表现。通常情况下，他们最终会和年纪稍小的孩子相处得更好，因为这些孩子仍然可以接受这种行为。

同样，如果孩子在学校环境中难以保持注意力集中，表现不符合预期，也会引起焦虑。自我管理的困难通常会变得更加明显。自我管理的例子有：从小学环境转入中学时，能够遵循时间表（并且不弄丢时间表！），记住在每个特定时间应该在哪栋楼或哪间教室，以及哪天应该带来运动装备等。如果孩子有这方面的问题，可能会导致他们与学校的老师之间产生矛盾，因为老师对不同年龄层的孩子会有明确的不同期望。如果这一问题加剧，那么孩子在对同龄人和成年人的关系感到焦虑的同时，可能也会掺杂了对潜在负面结果的焦虑，并最终导致严重的问题，如拒绝上学或旷课（见第 3 章）。

对于在自闭症谱系上的人来说，问题的原因可能是他们不理解人们对他们的期望，不能共情（这一点随着孩子年龄的增长而变得更加重要），或者是他们对将要发生的事情感到焦虑。在这种情况下，我们就能理解一些人为什么对于易于理解的常规有那么强烈的需求了。如果你（因为你的自闭症）不知道在社会中、在一个新的情况下，或在改变常规时，人们对你有什么期望，那么这可能会引起焦虑。如果你觉得世界是一个陌生的、有威胁的地方，那么常规的改变突然就会变得非常可怕：你怎么知道接下来会发生什么？是否安全？这种程度的压力和焦虑可能会变得难以承受，并导致爆发（通常被称为"崩溃"），在这种情况下，人会无法应对内心积聚的情感，造成几乎是原始的痛苦表达,这对周围的人和当事者来说都是非常可怕的。鉴于表达情绪对自闭症患者来说很困难,他们可能需要很长时间才能理解一些行为,如崩溃或回避行为(尝试各种策略来摆脱困境),很可能是由与潜在思维过程有关的焦虑引起的。对于一些自闭症患者和很多有洞察力的人来说(一般来说,这更适用于女孩),在学校或其他地方尝试以适当的社交方式行事的过程可能会非常令人紧张和焦虑,而回到家里,能够做自己或达到不同期望的放松,也可能非常令人紧张。我认识的一个年轻女孩,姑且叫她爱丽丝吧,她把这称为她在学校的"假自我",和在家的"真自我",但是在她努力成为"假自我"的过程中,她极度焦虑,而且这样做的时间越长,她就越难理解为什么她不得不这样做,也会更难应对由此给她带来的焦虑。在极端情况下,这种焦虑可能会造成严重后果,导致人们无法移动或吞咽,这种情况被称为紧张症,同样被认为主要是由社交焦虑引起的。

解决焦虑的诱因

在这种情况下,首先去解决焦虑的诱因,减少让人们焦虑的因素,就顺理成章,毕竟预防胜过治疗。了解压力的诱因,针对其进行研究将意味着人们实际需要应对压力的频率会降低,使生活更加平静。

说起来容易,做起来难。这可能需要孩子和整个家庭在做好计划的同时随机应变。因为常规和可预测性可能会减少各类神经多样性人士的压力和焦虑,你可以提前计划,为各类情况做好准备,以及控制你或孩子所要接触的环境。这并不总是能够实现,但了解那些可能减少焦虑的事情会有所帮助。例如,对噪音特别敏感的孩子可以戴上护耳器来阻挡噪音。举个例子,现在很多超市都有"自闭症时间",超市会调低或关掉背景音乐,使用更柔和的灯光,禁止广播,所以如果你不得不带着孩子去超市,而去超市又会激起孩子的焦虑,那么这些措施会非常有帮助。同样,电影院和剧院也越来越多地引入特殊表演,这些表演采用了同样的调整方式:降低音量、减少闪烁的灯光等等。如果你一定要去游乐场(因为其他人都会去),那么白天去游乐场比晚上去要容易得多。

同样,如果要参观的景点之前已经去过了,或者在去之前已经做了研究,自己熟悉了那个地方,而且制定了计划,那么你和孩子就会对将要发生的事情有了一些概念,等到真正外出的日子就会更顺利。大多数博物馆和户外景点(比如遗产铁路)现在都有网站,上面有场地规划、可供参观的景点,以及你能看到什么和能做的事情。事先计划好你将会遇到什么、在那里你可能会点什么菜、厕所在哪里,以及你可能会吃什么,这些都会减少你去新地方可能会引发的焦虑。

对于更常规的日常生活和学校来说,围绕着最糟糕的压力展开工作将开始成为你的新常态。你可能无法做到其他人认为理所当然的一切,这点可能很难令人接受。具有讽刺意味的是,自发性对有注意力问题的人来说可能不是什么好事,当然对大多数形式的自闭症谱系障碍患者来说也不是,所以想要提前计划可能会很困难,但如果提前计划能减少焦虑和压力,那么就比不计划要好,因为不做计划可能会给每个人带来创伤。

在其他领域做出调整也可能很艰难,特别当人们有一种根深蒂固的想法,认为必须对所有孩子一视同仁时。这种公平的概念有点偏颇,因为它没有考虑到差异的存在。虽然我们不能消除生活中的所有压力和焦虑,但有一些我们是肯定可以减轻的。学校环境可以进行调整,以满足个人的特殊需要,至少在英国,每所学校都会有一个特殊教育协调员来解决这个问题。教师有时会落入一个陷阱,认为他们需要对每个人都一视同仁,因为他们在大班授课时很吃力,但实际上教育理论确实表明,应该做出调整以适应不同学生的需求。对于注意力有困难的孩子来说,一些相对简单的事情都是非常有效的,比如把任务分解,谨慎地提醒孩子回到所做的事情上,以及经常表扬孩子的小成就。允许焦躁不安的孩子在重新开始手头的事情前开一会儿小差,这将有助于他们重新专注于手头的事情并实现总体的目标。对于有感官问题的儿童和青少年来说,改善教室环境和休息设施都会帮助他们减轻压力和焦虑。

将本书中的观点应用于神经多样性儿童身上

焦虑有时会变得令人无法忍受,所以怎么应对这些情况也很重要。在最极端的情况下,"崩溃"这种现象体现了无法应对这种程度的压力和焦虑的结果。英国国家自闭症协会制作了一个非常好的视频,对这种情况进行了一些深入的分析,观看后会有帮助。如果你是经历崩溃的当事人的父母、亲戚或朋友,可能会很难应对崩溃的行为,亲身经历崩溃的人会更难。

只要这个人没有伤害自己或他人，那么最好的办法就是顺其自然，然后在他们筋疲力尽时陪伴在他们身边。当然，如果他们正在伤害自己或他人，你可能需要进行干预。因此，我们的目标应该是避免走到这个极端，所以学习一些技巧，在焦虑开始积累时减少焦虑并打破导致崩溃的循环是很重要的。

本书其他地方给出的技巧和想法仍然有效，但它们应用起来可能更难一些。对于有注意力问题的人，特别是难以控制冲动的人，焦虑可能形成的很快，并且发展迅速，难以控制，而且由于其较小的年龄和较低的成熟度，他们对发生这种情况的洞察力水平也很低。尤其是年幼的儿童，他们对自己的情绪反应几乎没有控制力。这种情况会发生改变，每个人会逐渐学习适应和理解自己的感觉，这是正常的发展过程。

但对于有注意力困难的人来说，这个过程可能需要更长的时间。在这个过程中，你可能需要给予孩子们一些教导，帮助他们更清楚地意识到触发焦虑的情况，或者帮助他们理解在他们开始感到更焦虑时，自己身体是如何反应或变化的。教授这些知识，或者帮助青少年培养对自己身体和情绪反应的自我意识是许多技巧的一部分，但注意力问题会让这一切变得更加困难。由于天生的冲动，他们可能没有那么多时间停下来思考自己身上发生了什么。这并不是说这是不可能的，只是他们学习和使用普通工具的过程可能比其他儿童和青少年要困难得多、花费的时间更长。需要再次强调的是，这不是他们的错，只是他们的方式就是这样。

自闭症谱系上的人可能存在不同问题，特别是那些主要采取"具体思维",而缺乏概念和抽象思维的人。孩子的脑海中可能有很强烈的想法,例如,有关什么是"公平"和"不公平"的问题,他们可能很难从其他角度看待事物。同样,很多认知行为疗法的技术目的在于改变我们对某件事情的想法,尤其是让我们焦虑的事情,进而去改变与这个概念有关的行为和与该行为相关的行为。

如果你的头脑对事物有一个非常固定的想法,那么改变思想的过程可能会花费更长的时间,或者非常难以实现。我们之前说过的爱丽丝,她有很多问题。在我和她见面多次后,她接受了这样一个想法,即她的自闭症让她与别人"不同",而并非因为她不正常(按她的标准),所以她就"不好"。我们帮助她认识到自己是"不同的",而这种"不同"是被允许的,并以此作为一种帮助她应对自己思想的方式。因为她思维的固定性,这一过程花费了很长时间。在爱丽丝的案例中,得到正式的诊断是这个过程的一部分,但这是一条非常崎岖的道路。这对每个青少年来说都是非常个性化的,因此,对于和青少年打交道的工作人员来说,他们需要花时间去了解每个青少年,并根据他们的个人需求调整他们的方法。

自我刺激行为

"刺激"是对自我刺激行为的常见描述,当儿童或青少年感到焦虑时,这些行为通常会增加。这些行为也有可能,甚至是常常以一种快乐的方式表现出来，所以可能会让外界的观察者感到困惑。自闭症患者最常见的刺激行为有摆动手、在眼前移动手指、拍手或发出重复的声音。如果他人没有意料到这些行为的发生，可能会感到吃惊，导致不知情的人做出侮辱性和其他消极的表情。

有一些刺激方式具有自我伤害性，比如撞头、打耳光或者打自己，这些都应该当作危险的症状加以处理。然而，对于大多数刺激行为来说，最好是将其看作一种应对机制，如果某种行为不会伤害到其他人，那么最好是理解并接受它。如果刺激行为被抑制（例如，有人反复告诉你的孩子不要这样做），那么孩子很可能会发展出另一种应对机制。从治疗的角度来说，去除一种应对机制（无论这种机制多么不受欢迎）而不去帮助孩子发展新的不同的应对方式，这几乎总是灾难性的，因为新的应对方法可能会更糟。

其他障碍

到目前为止，我们主要看到的是多动症和自闭症患者的情况。对于患有其他神经发育障碍的孩子来说，焦虑的原因要么是其他人对他表现出"不同"的反应，要么是孩子基于自己与他人的不同而对身份做出的调整。患有妥瑞氏症等抽动障碍的人常常发现，当他们焦虑或紧张时，抽动会更严重，但如果这种情况会导致抽动的增加或者在社交场合出现不适宜的言语抽搐现象，那么循环模式又开始了：你越是试图阻止抽动，它们就越严重。对于身体上有明显差异的人来说，他人在日常生活中经常给予他们的反应可能会导致焦虑或回避行为。如果许多人对坐在轮椅上的你很傲慢，或者日常生活中的简单活动对你来说都很困难，如进入建筑物、寻找合适的厕所等，那么你可能就会开始避免那些使你焦虑的活动。

对于后天患病，而非生来就"与众不同"的青少年来说，患病也可能会引起焦虑。例如，十几岁被诊断出糖尿病引发的"适应障碍"可能让孩子度过一个很难熬的时期，他会很难接受突然强加给自己的"糖尿病患者"这一新身份。讽刺的是，青少年时期，尤其是自我探索时期，你不得不遵循同龄人压力下关于"正常"这一概念下的标准，这会导致高度的焦虑，甚至是一些自我毁灭的倾向（我们将在第 14 章更详细地讨论这一点）。你会意识到，你曾经梦想的情形不会发生，反而要学会与疾病终身共处。在你情绪极端或强烈时，很难应对这种转变。成长就是要学会处理其中一些情绪，找到自我调节和度过人生的方法，所以对许多孩子来说，这是他们第一次不得不应对这样一个惊天动地的经历。

还有什么能提供帮助？

除了对常规和可预测性的需求外，对一致性的需求也非常重要。如果一个儿童或青少年在家里遇到的是一种做事方式，而在学校遇到的是另一种做事方式，那么他们对预期的困惑就会导致焦虑的增加。这也适用于大家庭、重组家庭、祖父母的态度、与没有监护权的父母共度周末，以及可能遇到的一系列其他状况。在这些不同的环境中制定一致的方法对所有儿童都很重要。没有神经发育障碍的孩子能够理解当他们与没有监护权的父母一方以及他们的新伴侣在一起时，规则和在自己生活的家庭是不同的，但是对于有神经发育障碍的孩子来说，意识到这一点很困难。同样，两代人之间也可能存在意见分歧，虽然父母必须学会适应孩子的特殊需要，但对于较少见到孩子的祖父母来说，可能更难完全理解为什么他们需要对这个孩子做出与其他孙子孙女不同的反应。

儿童和青少年有很大一部分时间是在学校度过的，因此，在学校和家庭中使用一致的方法和途径对于降低焦虑水平也很重要。拿我自己举例，我的两个儿子（他们都有学习困难和自闭症）去了一所教他们使用默启通手语交流的学校。学校没有教我们默启通手语，所以当孩子们使用手语比画的时候，会变得非常沮丧，而且我们不明白他们想告诉我们什么！

记住，每个患有神经多样性障碍的人都是不同的，书中的一些想法可能是有用的，但对每个青少年来说，最有效的方法会根据他们自己的需求而有所不同。希望书中的这些想法有助于理解这些个人需求是什么，以及如何帮助他们。

参考文献及扩展阅读

Baldwin, L. (ed.) (2020) *Nursing Skills for Children and Young People's Mental Health*. Switzerland: Springer.

Silberman, S. (2015) Neurotribes: *The Legacy of Autism and How to Think Smarter About People who Think Differently*. New York: Allen & Unwin.

第6章

进食困难和焦虑有关吗？

德莉西亚·麦克奈特，

社会工作者和认知行为治疗师

本章探讨了什么是进食困难，你的孩子可能会遇到什么样的进食困难，以及你可以做什么来帮助他们。

当你第一次注意到孩子不吃东西时，当然会非常担心（喂养孩子通常被看作是父母的首要职责），但在大多数情况下，这只是一个阶段，在一致的指导和界限下，这一阶段会过去的。然而，有些时候这种情况背后有更深层的原因，你的孩子需要更多的支持。

你一定听说过"进食困难"和"进食障碍"这两个词。两者的区别在于影响力不同。青少年和成年人会经常出现饮食、焦虑或情绪方面的问题，这些问题会自行解决，不需要任何专业投入，也不会对他们的生活或福祉产生很大影响。它可能短暂地成了问题，但逐渐消失了。然而，如果你的孩子正在做的事情对他们的生活产生了重大影响，无论这种影响是在身体、心理还是社会方面，那么它就可以被视为一种障碍——它导致这个人的生活出现了障碍。这两个术语经常交替使用，这可能会导致一些混淆。

诊断儿童和青少年的进食障碍是很困难的。这在一定程度上是由于在婴幼儿时期喂养和断奶时，进食问题出现的频率很高（Bryant-Waugh, 2020）。挑食在学龄前儿童中也很常见，甚至可能导致孩子体重下降，但这种情况通常会自行消失，它确实可以被视为发展的一个阶段。随着孩子们的成长，向他们介绍新的食物、口感和味道是增加食物种类的常用方法。当孩子在早期从牛奶转向固体食物时——这是一个自然现象——可以让他们尝试不同的食物，看看他们是否喜欢。持续这样做有助于让孩子不断接触到更多种类的食物，减少孩子挑食的可能性。然而，随着孩子的成长，持续的进食困难并不常见，这背后可能有深层原因。这可能不是进食障碍，而是你的孩子正在挣扎于其他问题，这些问题可能影响到他们的食欲和进食。

重要的是要排除任何可能影响进食的身体问题。便秘、反流、食物不耐受和牙痛都会导致进食困难，甚至让孩子对食物产生焦虑。你需要第一时间约见全科医生。在约见医生时，你可以列出你所关心的问题以及你所注意到的问题，以确保这是一次富有成效的咨询。此外，如果你认为孩子经历的可能不仅仅是一个阶段性问题，那么可以记录下孩子的症状和行为（我们将在本章后面介绍不同的迹象和症状）。

在我们研究不同类型的进食困难／障碍之前，我们需要了解什么是正常、健康的体重。这个问题没有简单的答案！专家建议，对于儿童和青少年，我们要通过孩子的身高、年龄、体重和性别判断他们与平均水平的差距。在婴儿出生后，发给父母的"红皮书"上可以找到这些信息。这些信息可以用来确定一个孩子与平均水平的差距，并在此基础上规划他们的发展图景。从本质上来说，体重和身高图表显示了孩子和其他同龄人相比所处的位置。例如，如果你的孩子正处于中间位置，那么这个年龄段 50% 的孩子比他高，50% 的孩子比他矮，他们正处在第 50% 的位置。这不是绝对的，健康不仅仅是一个刻度上的数字或图表上的一个百分比，但它可以让我们了解孩子的成长情况。

对于 18 岁及以上的人，我们用 BMI（身体质量指数）来确定健康的身高体重。虽然针对这一指数的最低值应该是多少仍有争议，但总的来说，下面的信息是公认的：

- 体重不足：低于 *18.5*。
- 健康体重：*18.5~24.9*。
- 超重：*25.0~29.9*。
- 肥胖：超过 *30.0*。

关于 BMI 健康体重范围的最低值存在一些争议，因为大多数人并不是自然就能达到 BMI 18.5 这一指数，而且经常需要一些限制和约束来维持这一体重指数。然而，这一规律总有例外。健康体重的上限也是如此。有些人的指数自然为 25，这个指数对他们来说是健康的。"默认值"指人们在不需要控制摄入量和活动量时的自然体重，每个人的"默认值"都是不同的，有些人的这个值可能在公认的健康范围之外。作为一个参考值，只有当一个人所有发育停止，并且已经达到稳定的成人体重时，这个值才有意义。

此外，某些族裔的人（例如亚洲青年）通常天生体重指数较低，可能属于体重不足的范畴，但这对他们来说并不是不健康的。体重指数是一个有用的工具，但它有其局限性。在评估与减肥相关的风险时，要注意一个人曾经的体重是多少，降了多少，以及体重减轻的速度是多少。举例来说，一个人可能已经减掉了相当多的体重，但仍然保持在健康的体重范围内——人们可能会认为这是没有问题的，但事实上，这个人的身体可能会遭受快速减肥带来的消极生理影响。

进食问题 / 障碍的类型

神经性厌食症

通过禁食或限制食物摄入和过度运动来达到减肥目的的强迫性渴望。对体重和体形的过度评价与患者对自己的看法和评价有关。

神经性暴食症

通过极端的禁食或限制来减肥的强迫性渴望,紧随其后的是暴饮暴食和自我催吐。

其他特定的进食障碍 / 未加标明的进食障碍

当一个人符合行为、心理和生理的某些症状时,就会被诊断为神经性厌食症和神经性暴食症。然而,有时一个人并不符合所有的标准,这时他们可能被诊断为"其他特定的进食障碍"。或被称为"未加标明的进食障碍"。也被称为非典型神经性厌食症或精神性暴食症。

其他特定的进食障碍的影响与厌食症和暴食症一样严重,需要治疗。在被诊断出的饮食失调中,其他特定的进食障碍占很大比例。其中一个症状为非典型厌食症,有些人有与厌食症相关的想法、感觉和行为,但体重在正常范围内。患非典型贪食症的人可能有暴食症的所有症状,但暴食和呕吐的次数不那么频繁。

异食癖

异食癖被归为精神障碍，患者会吃非食物的东西，如灰尘、布或粉笔。人为了欺骗身体的饥饿信号会吃非食物的东西，但异食癖的情况不同。

反刍性障碍

这是一种精神障碍，患者会反刍食物，要么将食物重新咀嚼并咽下，要么吐出。患者通常用这种方式来管理情绪。这与某些人咀嚼食物然后吐出的行为不同，后者的目的通常是在避免热量摄入的情况下品尝食物的味道。

健康食品症

这是一个描述性术语，并不是一种正式认可的疾病，但通过研究，人们对这一问题的理解正在不断加深。它的特点是对健康饮食非常痴迷，拒绝吃任何被视为不健康的食物，患者往往会体重过低和/或营养不良。

回避性/限制性摄食障碍

这是一种正式的诊断，患者的饮食无法提供足够的能量和/或营养摄入，造成对患者健康、发育和/或一般功能的重大损害。患者的进食限制并不像厌食症或暴食症那样与体重或体形有关，更多是与缺乏兴趣或对食物的质地、外观等方面的感官缺失有关（Bryant-Waugh, 2020）。

进食障碍的影响

进食障碍是功能性的——它们为某种目的服务,而且常常为多种目的服务。以下是年轻人认为进食障碍能帮到他们的原因:

> 我觉得我应该惩罚自己。
> 它帮助我获得一种控制感和安全感。
> 我不想让别人对我评头论足。
> 它给了我一种成就感,让我觉得自己很成功。
> 这样我就不必担心其他事情,因为它占据了我所有的注意力。

对于神经性厌食症、神经性贪食症,要记住它们之间的共同点多过它们之间的区别。它们都源于患者对体重、体形和外表的极度不满。所有患有这些疾病的儿童都会根据他们认为自己在改变这些特征方面所做的多少来评价自己,并认为他人也会以此来评判自己。体重过轻会增加身体风险,频繁催吐也会如此,任何存在这些情况的人都会对心理和社会健康产生负面影响。

20世纪40年代实施的"明尼苏达计划"阐明了饥饿对一个人的影响。

明尼苏达计划

明尼苏达研究（Keys et al., 1950）展示了半饥饿状态对人们产生的影响。参与计划的36名男性被限制卡路里摄入，计划展示了当他们的体重下降到初始体重的75%时会发生什么。值得注意的是，这些男人都事先经过测试，以确保他们从身体、心理和社会角度来讲都是健康的。在对他们限制体重之前，研究人员对这些人进行了观察——许多人性格外向，有女朋友，有自己的兴趣爱好，等等。随着他们的体重下降，他们对活动失去兴趣，与恋人分手，也变得更加易怒。他们的注意力转向了食物和进食，有些人做起了奇怪的调料，摆弄他们的食物，有些人甚至开始在房间里囤积食物。

我们经常在儿童或青少年身上看到这些行为，因为他们控制饮食摄入，或一直试图少吃。这就是为什么在一开始重新建立规律的食物摄入量和恢复健康体重（如果适用的话）是如此重要。通过这样做，我们可以减轻孩子的症状，开始寻找最初引发进食困难的诱因，并找到替代的、有用的方法来更好地应对这些问题。

心理影响

人在持续进食不足和／或体重不足时很难集中注意力。由于大脑全神贯注于对有关食物和外表的想法，他们会更难做出决定；情绪趋于低落，就像上面提到的，大多数人变得更加易怒。人们的思想和行为会更为僵化，且更难容忍改变。

社会影响

当孩子变得更关注食物、饮食和体重时，他们留给其他东西的"空间"就更少了，比如他们的爱好、兴趣和友情。他们可能会变得更加孤僻，因为他们没有精力或兴趣去维持关系——因为社会交往通常围绕着食物或去有食物的地方，这样的社交场合对他们来说可能会变得太难忍受，导致躲避行为的发生。这当然会对他们的情绪产生进一步的负面影响，并如此循环往复。

造成进食困难／障碍的原因有哪些？

心理因素

心理因素可能包括缺乏自尊、完美主义、感觉自己不够好、对生活缺乏控制、情绪低落、焦虑或创伤。

社会因素

社会因素来自社会准则下有关"好看"和"融入"的文化／

社会压力,或来自参与强调身体形象的体育运动或集体活动。

人际因素

人际因素包括与他人的关系困难(冲突/虐待/欺凌),以及表达或管理情绪的困难。

正如你所看到的那样,食物和体重方面出现困难的背后有非常多的原因。你可能会发现,当某人被困难的情绪或情况压倒时,把饮食失调看成是一种应对机制是很有用的。进食困难并不是突然出现的,而且它确实有一个作用——显示你的孩子并不是难相处或不善交际这么简单。刚开始可以了解一下孩子的校园生活、交友情况是否发生了变化,或者他们是不是在担心一些事情,并帮助他们找到对应的解决办法。你有丰富的经验和知识,可以帮助和阻止孩子的进食困难发展为更严重的问题。然而,有时你也需要更多的帮助——我们将在这里介绍一些你可能会觉得有用的策略。

进食障碍与其他障碍的区别除了患者对体重、体形和食物的关注之外,还有以下几点:第一,你的孩子根据他们控制饮食的能力来评价自己;第二,拒绝维持与他们年龄/身高相当的正常体重;以及第三,害怕发胖。情绪低落和焦虑等其他障碍同样会影响饮食模式和日常流程,但其内在的驱动力是不同的。

当然,除此之外还有更复杂的因素——如生物学、大脑中的化学物质和大脑发育的作用。CAT扫描(显示身体内部的扫描)已经向我们表明,当显示食物图片时,神经性厌食症患者的大脑在看到食物图片时机器亮起的频率不同；此外，他们的血清素和多巴胺水平处于化学失衡状态，而这些化学物质对情绪和食欲都有影响。在被诊断为进食障碍的人中，这些物质的水平都低于正常水平。本章无法再深入研究这些层面，但如果你想了解更多，本章末尾有扩展阅读建议。

注意要点

互联网上有很多有关进食障碍迹象和症状的列表，没有一个是完全详尽的。但研究告诉我们，一些事情可以成为与食物、体重和/或表象相关的问题正在恶化的指标。主要包括：

情绪变化，远离家人和朋友。

更加易怒，特别是在吃饭时间。

说他们已经吃过了。

吃完饭就躲进厕所里。

运动过量。

开始减少食物种类，如碳水化合物、面食、土豆和甜食（并非所有的人都会这样做——有些人会吃各种各样的食物，但吃的量会比以前少）。

说自己不饿的频率更高了（食欲会发生改变，这是正常的，但如果你的孩子持续食欲差，或似乎在避免进食，这就变成一个令人担忧的迹象了）。

更多自我批评,对自己做出负面的陈述。避免与他人一起吃饭。

对他们饭菜中的食材、卡路里和/或脂肪含量更感兴趣。

进食困难/障碍不受控制的后果

解决进食困难/障碍是很重要的,因为如果不加以控制,它们会在身体和情感上产生非常真实的后果。持续体重过低会影响到生长、骨骼健康、月经周期或青春期的开始。长期的低体重可能导致内脏损害、肌肉流失和骨质疏松。

暴食症引发的催吐会损害患者的牙齿、喉咙和胃,如果持续数年,呕吐会使人体内的钾含量降低,从而对心脏造成压力,钾产生的电流会刺激心脏。

虽然这些听起来很可怕,但通过建立有规律的饮食、恢复正常体重和停止暴饮暴食的循环,它们是可以逆转的。

认识的误区

饮食失调不是:

……你的错。

……你的孩子很固执。

……你的孩子想惩罚你或难为你。

……讨厌食物本身——大多数有进食障碍症的人都喜欢食物,但食物已经与他们的恐惧和担忧纠缠在一起。

……寻求关注。

……"只要吃东西就会好起来"的情况。

另一个误区是,你必须尽一切可能不让孩子生气或恼怒——这是一个重大误解,为了帮助你的孩子,你需要让他们生气和恼怒。

处理进食困难/障碍的策略

所以,看来这一问题不仅仅只是暂时性的。你现在该怎么做?你如何处理这个问题?这将取决于孩子的年龄——如果你的孩子年龄较小,你需要指导他们,围绕着饮食设定界限,同时不要把每顿饭的饭桌变成战场。这说起来容易,做起来难。

对于年龄较大的孩子,你要温和但坚定地与他们讨论这个问题。使用诸如"我已经注意到了"(参考之前关于记录你已经注意到的行为的建议)或"我担心……"之类的措辞。他们可能不会接受这一点,而且那些有进食问题的人通常也不相信自己有进食问题,因此再次强调,你要采取一种温和而坚定的态度,不要仅仅因为你不想让别人沮丧或引起争论就忽视问题的存在。

不要停止谈话。一旦你的孩子开始接受,或者至少没那么抗拒,那么你们就可以一起努力解决问题。

食物既是处方又是药

处理进食困难的过程中会产生很多挫折、不安和压力。在整个过程中，重要的是要始终把困难归咎于疾病，而不是你自己，或者你的孩子。你的孩子很难做出决定和选择，所以你要提前计划好每一餐要吃什么，并首先约定吃饭时间。以后，你可以努力做到灵活处理，但在开始时，最重要的是要重新建立一个有规律的饮食模式。

> **管理用餐时间**
>
> - 对于所有参与者来说，用餐时间常常是最困难的，因此你最好提前计划好。你可以给孩子一些选择，但不要太多，因为太多的选择会让孩子焦虑。除了计划膳食外，还要计划购物清单，并商定谁来做什么。
> - 明确预期的目标，并坚持每餐的时间框架。通常建议正餐时间为 30 至 40 分钟，零食时间为 15 分钟。
> - 必要的时候提醒孩子，例如，如果他们还没有开始吃东西，或者他们正在放下筷子时，你可以通过说这样的话来帮助他们："我知道这对你来说很难，但你现在得开始吃了。"
> - 保持轻松的谈话，把它作为一个很好的转移注意力的工具，避免与食物相关的话题。

- 要有耐心——进食困难不是一夜之间形成的，也不会在一夜之间解决。你的孩子将对温和但坚定的方法做出最好的反应——大多数儿童和青少年都会觉得这是安全的。
- 态度保持一致，不要陷入争论或谈判，这将分散你们对任务——也就是吃饭——的注意力。
- 有些家庭发现一起吃饭比较好，但对其他家庭来说，孩子可能一开始需要一个自己的空间，一旦他们建立了更好的饮食习惯，就会过渡到与家人一起吃饭。
- 注意观察——孩子很有可能把食物扔进垃圾箱、藏进袖子或喂给狗。我知道很难想象你的孩子会这样对待事物，但请记住，是疾病导致了这种行为，而不是你的孩子。
- 注意可能阻碍进食的行为，比如孩子使用小盘子或餐具、把食物推到盘子周围，或者把食物混合在一起以便显得吃得多一些。
- 饭后，重要的是用活动分散孩子的注意力，帮助他们不要过多地想自己吃了什么。最好是一个可以坐下来完成的活动——一些需要用手、需要精神上投入的活动，比如手工和智力游戏。
- 如果你怀疑孩子在吃完饭后会催吐，你要防止他们在吃饭间歇或饭后至少 30~45 分钟内立即上厕

> 所。过了这一时间段后，孩子催吐的冲动往往已经下降，身体也有时间开始消化食物（它就不再是一种控制体重的手段）并获得所需的营养，减少对胃、喉咙和牙齿的损害。
>
> - 写日记或记账是很有帮助的，我们专业人士最喜欢它们了！你比我们更了解你的孩子，你每天都看到他们；而如果你的孩子在门诊接受帮助，有可能是每周一次。你的记录可以提供非常有用的信息和洞察力，让我们了解你们的日常流程，什么时候进食困难最严重，什么是有效的，什么是无效的。

想想你本身得到的支持，想想你周围谁是你可以倾诉、抱怨或发泄的对象——所有这些都是正常的、有效的（关于照顾自己的策略，请参阅第 2 章）。正如我们已经看到的那样，当你和孩子谈话时，最好用最适合你的语言来描述疾病，而不是描述他们的行为（在治疗中，你甚至可能被要求给疾病起一个名字，以便把你的孩子和疾病本身区别开）。

对你的孩子生气或者沮丧是完全可以理解的，但是如果你的愤怒针对的是他们而不是疾病本身，那会导致孩子更加隐藏自我，让他的进食障碍更严重，思想和行为更僵化。

在这一阶段，孩子做出的改变将不会很大。如果你在这个时候没有得到专业的帮助，那么孩子的食物摄入量不会有很大改变。如果你的孩子已经有几天（超过两天）没有吃任何东西，你就应该寻求医生的建议了。

循序渐进、持之以恒是最好的

如果你有伴侣的话，让他／她也参与进来。这样一来，你们就更不容易犯错。就像所有的教育方式一样，你们最好统一战线，以此创造安全和界限，这是很重要的。我们知道每个家庭都是不同的，每个家庭的工作方式也各不相同，所以我们设计了本章的信息和指导，让你可以从中获取信息，并找到适合你和孩子的方法。

你需要在吃饭的时候陪着孩子，给他提供支持和鼓励。这可能意味着你或伴侣要改变工作模式，或者你可以请其他重要的人来帮忙。如果合适的话，孩子的祖父母往往可以提供很大的支持。

让学校参与进来，让他们知道你所关心的问题，这也是很有帮助的。大多数学校都有生活辅导部门，可以帮助观察孩子，在午餐时间给予支持，并提供一个安静的房间供孩子享用午餐。

积极主动——塑造良好的身体形象

以下是我们所知道的关于身体形象的一些事情，以及什么会对身体形象产生负面影响。多芬自尊项目显示：

- 时尚界——看杂志 60 分钟会降低 80% 的青少年和女性的自尊。
- 媒体目前描绘的理想瘦身状态在自然状态下只有不到 5% 的女性能实现。我们注定要失败。
- 青少年受到"完美"的身体、生活和产品的图像轰炸。
- 一个青少年平均每天会看到 400~600 个广告。

社交媒体/网络的影响

有越来越多的网站经常被归为"pro-ana"或"pro-mia",分别代表"支持厌食症"和"支持贪食症"。"励瘦"这个词也被媒体广泛使用。这些网站宣传厌食症和贪食症是一种生活方式。他们通常有一个在线社区,提供关于如何实现减肥目标的建议。人们在网上写下每天摄入量这件事可能是积极的,但我们治疗的青少年告诉我们,有时下面的留言会对这个人吃了什么或吃了多少食物做出非常负面的评论。和所有社交媒体一样,它具有两面性。和孩子谈论一下在线网站的风险,以及如何保持线上安全。

如果你担心孩子在关注无益的社交媒体或在线社区,你要告诉他们其中的风险,并提醒他们如何保持安全。像英国全国防止虐待儿童协会和巴纳多斯这样的组织有很多很好的资源,你可以用来和孩子讨论。你可能需要限制他们上网的时间和浏览的内容。这很困难,因为有很多方式可以访问网站(手机、平板电脑和电视),但最好是确保孩子不要在深夜上网,或者在无人监督的情况下访问那些可能助长不安全饮食行为的网站。还有很重要的一点是，你要提醒孩子，他们在手机上看到的图片往往是经过后期修改的，并不是图中人物的真实写照——相反，他们在推崇一种不切实际的生活，一种完美的体重、体形或生活方式。

当然，也应该说，我们并不完全确定社交媒体对进食问题发展的影响。正如我们所看到的，有许多因素促进了进食问题的加剧。虽然社交媒体可能会导致孩子们对自己的外表不满，但重要的是考虑到造成进食问题的其他因素，如学校、友情或家庭生活。随着更多研究的进行，我们会更好地理解社交媒体所带来的影响，无论这种影响是积极的还是消极的。

男孩和消极的身体形象

当我们想到身体形象时，我们会立刻想到女孩所承受的压力，然而，男孩也受到这种压力的影响。广告智囊团 Credos 的发布了一份名为《健康图片》的报告，调查了 1005 名 8 到 18 岁的男孩，发现他们中的许多人觉得他们需要有更好的外表，并感到必须为此去做些什么的压力，就像同龄的女性一样。一些男孩没有意识到，媒体对男性照片的美化程度并不亚于女性。男孩在识别身体形象和进食困难方面也同样缺乏认识。我们不能忽视男孩的这些困难。

那么，我们该如何阻止这一趋势呢？

培养积极的身体形象

- 试图展示一种健康的饮食行为方式。这实际上是一种平衡——并不是说减肥是错误的,而是说只有当你的体重对健康而不是外表产生负面影响时才需要减肥。
- 远离"不好的食物"的概念。不存在不好的食物,饮食更多的是适量和均衡的问题。当你因为觉得某种食物不好或者不健康而拒绝吃它的时候,它将会是你想得最多的食物!不以这种方式给食物贴标签有助于保持与食物良好的关系。这会让你的身体和心灵都得到滋养。
- 关注与外表无关的特质。在办公室里,一旦一个人说了有关自己的消极言论,其他所有人都会加入消极评价自我的行列——这会带来什么影响呢?不出 5 分钟,我们都会感觉自己糟透了!应该表扬和鼓励其他方面的优良品质、行为和成就。
- 谈谈媒体图片和时尚界的影响。"多芬真美运动"是一个很好的网站,你可以和孩子一起浏览。网站上有大量关于美容/时尚行业如何运作,以及如何帮助孩子培养积极身体形象的建议。
- 关注人们除了体重和长相之外的魅力——例如,注意他们是否自信、风趣或有条理;
- 对青少年来说,这是一个艰难的时期。你可以帮助他们意识到,人们本来就体形各异、五花八门。

- 如果你的孩子超重，要帮助他们多活动，而不是去关注卡路里，还要帮助他们做出更好的选择或在家里平衡饮食。

这是一个困难的领域，你有时会出错——这很正常！

照顾好你自己！

最后，说几句关于照顾自己的话。对于所有的家庭成员来说，这都是一段非常艰难和具有挑战性的时光，因此，在条件允许的情况下尽量保持正常的生活状态，并做一些与用餐时间无关的活动。给自己留点时间，利用对你有帮助的网络、家人和朋友来尽可能地支持你。

参考文献及扩展阅读

Bryant-Waugh, R. (2020) *ARFID Avoidant Restrictive Food Intake Disorder: A Guide for Parents and Carers*. London: Routledge.

Dove Self Esteem Project. Women in the media: give the stereotypes a makeover. <www.dove.com/uk/dove-self-esteem-project/help-for-parents/media-and-celebrities/women-in-the-media.html>

Fairburn, C.G. (2008) *Cognitive Behavior Therapy and Eating Disorders*. New York: Guildford Press.

Keys, A., Brazek, J., Henschel, A., Mickelsen, O. and Taylor, H.L. (1950) *The Biology of Human Starvation* (two volumes). Minneapolis: University of Minnesota Press.

Locke, J. and Le Grange, D. (2005) *Help Your Teenager Beat an Eating Disorder*. New York: Guildford Press.

Musby, E. (2014) *Anorexia and Other Eating Disorders. How to Help Your Child Eat Well and Be Well*. APRICA.

Schmidt, U., Startup, H. and Treasure, J. (2019) *A Cognitive Interpersonal Therapy Workbook for Treating Anorexia Nervosa: The Maudsley Model*. London: Routledge.

Seubert A. and Virdi, P. (2019) *Trauma Informed Approaches to Eating Disorders*. New York: Springer.

Treasure, J., Smith, G. and Crane, A. (2017) *Skills-based Caring for a Loved One with an Eating Disorder*. The New Maudsley Method (Second Edition). London: Routledge.

第 7 章

解决社交焦虑的方法有哪些?

本·利亚,注册心理健康护士和认知行为治疗师

本章探讨了与被他人评判有关的焦虑,我们将其称为社交焦虑症或社交恐惧症。我们会探讨什么是社交焦虑症、它会影响谁、你应该关注什么迹象,以及你可以怎样帮助孩子。

担心被别人评判是青少年成长过程中很正常的一部分，此时的年轻人正在寻找他们在这个世界上的位置，同时，周围的社会也在不断给他们施加压力。社交媒体在现代生活中扮演着重要的角色，人们会觉得其他人都有着完美的生活，从不犯错，而且一直看起来很棒。因此，大多数儿童、青少年和年轻人觉得很难达到这些期望或看法。

虽然在青春期经历社交焦虑很正常，但它也可能发展成非常严重的、削弱身心的问题，甚至演变成社交恐惧症。社交恐惧症指"对可能发生尴尬情况的社交表现出明显而持续的恐惧"（American Psychiatric Association, 2013）。它可能会以不同的方式影响人们，但通常最直接和显著的影响是人们会害怕暴露于社交场合。孩子可能会设法避免社交场合，或在恐惧中忍受。虽然他们很可能仍然会上学或参加家庭活动，但他们内心会很不情愿。在这些社交场合开始之前，他们可能会经历高度的焦虑和压力，有时会导致他们在活动之前或在活动时恐慌发作。

在此之前或在此期间，社交焦虑的迹象可能表现为担心被他人评判或担心自己的表现。这可能会导致孩子担心或害怕别人看到他们焦虑的身体迹象，比如脸色异常发红、身体不停颤抖或是声音颤抖。

患社交焦虑障碍的儿童在经历社交场合后，还可能会试图剖析和评估自己的社交表现。他们高度的焦虑状态和对社交经历消极方面的关注很可能会进一步推动焦虑水平的螺旋式上升，导致他们的情绪状态出现问题。

我的孩子是否在受社交焦虑影响？

想要判断孩子的行为是正常发育的一部分，还是由于中度或重度问题所引起，最简单的方法就是思考社交焦虑是如何影响孩子生活的：

- 他们会因不愿社交而拒绝去做想做的事情吗？
- 他们是否会因为这些焦虑而不愿上学？
- 他们是否不再结交朋友，或者和朋友保持距离？
- 他们是否不愿聚会或见亲戚，以及这是否会影响他们心理健康的其他方面，比如情绪（如果有人有某种形式的社交焦虑，这是常见的现象）？

在青春期前和青春期早期，社交焦虑的发病率急剧增加，导致社交恐惧症的发病率上升，15岁为患社交恐惧症的峰值年龄。

一项研究发现，12~13岁的青少年患社交焦虑症的比例不到0.5%，而在14~15岁的青少年中，这一比率则升至2%。研究还发现，14~17岁年龄组的社交焦虑率上升至4%，18~24岁年龄组的社交焦虑上升了一倍多，超过8%（NHS Digital, 2017）。我相信大多数父母都能记得他们在青春期前和青春期的童年经历。这是一个非常困难的发展时期：不仅有来自学校和家长的压力,来自社会的压力也非常大,且同龄人之间可能缺乏对彼此的理解和关心。事实上,研究表明,至少有四分之一的儿童受到过同龄人极端形式的欺凌。

没有确切的因素能说明谁更容易出现社交焦虑的问题,但是我们所知道的是,那些可能少有机会与他人交往且被同伴伤害过的人更有可能出现社交焦虑。比如生活在农村地区的青少年,他们与家庭以外的人进行社会交往的机会有限;或者在学校里不断受到欺凌的孩子。社会交往需要相当复杂的技能,如果儿童与同龄人交往的经验有限或体验都是负面的,那么他们可能就会把精力集中在这些社会交往中出现的威胁或恐惧上,例如他们由于过去的经历或缺乏机会而总是觉得别人在反对他们。

还有一些焦虑引起的身体症状,包括心跳加速、呼吸频率加快、发抖、出汗和胃部不适,这些可能会让人感到不知所措,并且可能导致孩子专注于这些症状,而不是关注社会互动本身和发展他们的技能。

当这种情况发生时,孩子会想要避免这些经历,或者做出让他们不那么突出或者让他们感觉更舒服的行为(安全行为),这可以理解。但这些安全行为(比如不与人眼神接触、低着头、不说话等)会影响社交互动,并且反而会吸引更多的注意力,使他们不太受同龄人的喜爱。

我们也知道,从长远来看,回避焦虑是没有帮助的。由于回避,这些患有社交焦虑的孩子很可能没有朋友,也不太可能去参加课外活动,其实这些活动原本是能帮助他们认识到社交互动和人际关系并不像他们想象中那么可怕的。

父母可以注意的迹象

有社交焦虑的孩子在与他人进行社交互动之前、期间和之后可能会有一些特殊的想法。这些想法可能包括：

社交活动前："如果我犯错了怎么办？我可能无话可说，我可能会磕磕巴巴，而且我的脸可能会很红。"

社交活动中："每个人都在盯着我，我在发抖，这太糟糕了，没有人喜欢我。"

社交活动后："我出丑了，我离开时他们一定在嘲笑我，真希望我当时没去。"

如果孩子在社交互动中有这些想法，会通过一些行为或迹象表现出来。如果你想知道你的孩子是否在与社交焦虑做斗争，那么你可以留意他们是否存在这些行为和迹象。

每个孩子都是不同的，当你思考下面的迹象列表时，要保持一个开放的心态——事实上，你的孩子可能存在其他问题，也会导致列表中某些行为，比如学业问题、情绪低落或受到欺凌，所有这些都可能导致你的孩子不愿意参加特定的活动。

儿童社交焦虑症的主要表现

- 逃避同龄人群体和社交活动。
- 逃避学校。
- 逃避家庭聚会。
- 难以进入商店,避免为物品付款。
- 避免乘坐公共交通工具。
- 离开家时希望父母在场。
- 在社交场合之前、期间和之后表现出焦虑的身体症状。
- 朋友很少或没有朋友。
- 因为对自己的关注增加而害怕迟到。
- 情绪低落。
- 睡眠困难。
- 周末和学校假期,当孩子社会交往减少、焦虑减少时,情绪可能得到改善。

虽然这些是需要注意的主要迹象,但美国精神病学协会也有一些诊断准则,临床医生用这些准则来确定某人是否符合社交焦虑症的标准(《精神障碍诊断与统计手册》)。如果你想让孩子得到进一步的支持,在与你的全科医生或当地儿童心理健康服务机构交谈时,你可以考虑一下这些诊断症状,这有助于提供支持和相应证据。

你可以与孩子分享这些准则,因为这可以帮助他们了解自己的经历,并让他们意识到自己的困难是可以得到别人的理解的。

美国精神病学协会对社交恐惧症的定义

A. 对一个或多个会暴露在不熟悉的人面前或可能受到他人审视的社交或公开场合感到持续的恐惧。患者担心他或她的行为(或表现出的焦虑症状)会令自己尴尬和羞耻。

B. 当患者暴露在所担心的情况下,几乎会无一例外地引发焦虑,展现形式可能是情境特定性恐慌发作或情境倾向性恐慌发作。

C. 患者认识到这种恐惧是不合理的或者是过度的。

D. 患者要么避免接触令他或她恐惧的情景,要么在强烈的焦虑和痛苦中忍受。

E. 对所担心的社交或公开场合的回避、焦虑预期或痛苦,严重干扰了患者的正常生活、职业(学术)生涯、社交活动与人际关系,或对患有该恐惧症有明显的痛苦感。

F. 持续性的恐惧、焦虑或回避,通常持续 6 个月或以上。

G. 恐惧或回避行为不是源自某种物质(如毒品、药物)的直接生理作用,也不是用其他精神障碍就能更好解释的一般医疗状况所导致的。

跟孩子聊聊

如果你担心孩子有社交焦虑，那么你现在已经对需要关注的迹象和症状有了一些了解。然而，识别信号有时是相当困难的，孩子可能已经发展出了很好的方式和借口来回避特定的情况。

你也可能觉得这只是"他们的一部分"，但重要的是你要考虑到这些困难将如何影响他们未来的发展能力，因为他们以后要上大学、从家里搬出去或开始职业生涯。

正因为如此，跟孩子聊聊这些疑似或明确表明的社交焦虑问题是很重要的。

这不仅可以帮助你更好地了解孩子正在经历的事情，而且还可以让他们意识到，你已经注意到了他们的这些困难，你关心他们的经历，他们的困难可以被正常化的。这样他们就可以意识到并不是只有他们会经历这些症状。最重要的是，可以让他们知道这类问题是可以治疗的。

为了帮助你更好地思考孩子的经历，在与他们交谈时，可以用5W模式：什么事情（What）、什么时候（When）、什么地点（Where）、为什么（Why），以及和谁（Who with）。

5W

什么事情：他们经历了什么事情——感到非常焦虑，非常低落，对自己有负面的想法，感到人们评判他们，感到非常孤独？

什么时候：这些感觉和经历是什么时候发生的？它们是一直存在的，还是在特定时间存在？

什么地点：这些经历在哪里发生，他们在哪里经历这些焦虑症状？是在社交互动之前、期间还是之后？

为什么：他们是否觉得自己很可能在社交场合中犯错，是否觉得自己会受到负面评价？

和谁：这些经历发生时，他们是独自一人，还是和家人、朋友、亲戚、特定的年龄群体在一起？

父母应该怎么做？

关于社交焦虑，我们所确切知道的是，治疗的第一步应该是认知行为疗法。有证据表明，其他形式的治疗，包括自助、咨询、团体治疗和药物治疗，对社交焦虑的效果不如对其他问题（如情绪低落）的效果好。

基于这些信息，如果你怀疑孩子患社交焦虑，我非常建议你将孩子转诊至当地的儿童和青少年的心理健康服务中心。希望前面提供的信息能够帮助你与这些服务机构分享相关信息，使他们能够接受你的转诊并开始为孩子提供治疗。

不幸的是，儿童和青少年服务机构并不总是能够立即约见孩子，孩子在获得治疗前有时需要等待一段时间。本章的其余部分提供了一些建议，可以在孩子获得帮助前使用。

设定目标

让孩子选择一些现实的目标。目标可以帮助孩子思考他们想要实现什么，让他们在此时此刻有一些努力的方向。这个目标最好可以与未来相关，这会给孩子提供动力，如果孩子此时此地想给自己设定更困难的目标，这也会提供一个实现这些目标的理由。设定短期目标时，要确保目标是现实的、与孩子想要实现的东西相关、可以及时达成，并且是可衡量的，这样你和孩子就都知道目标什么时候可以算是实现了。拥有至少三个不同的目标也是不错的。

可以先设定一个可能很快就能实现的短期目标，让孩子获得成就感和进步感，而第二个目标则可以设置为需要几个月才能完成的中期目标，第三个目标则可以是孩子的长期目标。通过逆向思维，考虑孩子的长期目标（他/她想成为足球运动员、科学家、音乐家、建筑工人或是运动员吗？他们想上大学吗？）同时，你们也可以考虑孩子在短期内需要做什么，并制定一些短期和中期目标。

和孩子约定短期目标，能够让他们意识到目标是何时实现的。达到目标会带给他们一种成就感。回顾一下你和孩子共同设定的目标，看看孩子是如何实现这些目标的，这也是很有用的。如果某个特定的目标看起来要比预期难，那么可以进一步将这个目标分解。例如，如果孩子的短期目标是在学校里和陌生人交谈，但他很难完成，那么你可以把它分解成更小、更简单的目标，比如对陌生人微笑、与他们进行眼神交流，或者在课堂上坐在他们旁边。这样一来，目标会更容易实现，而且会引领孩子达成最初与陌生人交谈的目标。

示例

短期目标：与当地商店的收银员交谈；与邮递员交谈；向陌生人问路。

中期目标：加入一个新的俱乐部；与至少一个人开始一段新的关系；每周在校外见一次朋友。

长期目标：开自己的服装店；成为一名演员；从事电脑游戏工作；成为一名机械师。

改善孩子的行为（安全行为）

正如我们所看到的那样，孩子在社会交往中的一些行为实际上可能会导致他们的焦虑，使他们更加引人注意，同时也阻止他们挑战或反驳自己的一些消极想法。

有社交焦虑的孩子甚至可能觉得这些行为是有益的，而且可能不愿意停止使用这些行为——他们可能会说，这些"安全行为"可以减轻他们的焦虑。

为了解决这个问题，可以让孩子写下他们在社会交往中会做哪些事来缓解焦虑。这些事有可能不仅不会缓解焦虑，反而会对社会交往产生负面影响。这些事情可能包括避免目光接触、预演他们要说的每一句话、看地板、把耳机塞进耳朵里、遮住脸、不说话等等。

为了测试这些行为是否有帮助，你可以用它们做一个实验。你可以和孩子达成协议，让他们尽可能使用他们觉得"有用的"策略进行社交互动，同时把所有的注意力集中在他们自己以及他们的焦虑感上。孩子互动的对象可以是你自己、一个亲戚或者你的朋友。互动可以不附加时间限制，但至少尝试几分钟会很有用。

一旦完成，要求孩子做与他们正在做的完全相反的事情，不要使用任何安全行为。相反，他们应该进行眼神交流，与对方互动，抬起头、露出脸，把注意力集中在对方身上。

为了帮助孩子在这个实验中学到东西，可以让孩子预测他们认为在每个场景中使用安全行为和不使用安全行为时将会分别发生什么。这可以包括孩子觉得自己在每个练习中会有多焦虑（0——不焦虑，10——非常焦虑），他们的消极想法会有多糟糕（0——不是很糟糕，10——非常糟糕），对方在互动中的舒服程度（0——完全不舒服，10——非常舒服），以及他们的自我意识有多强烈（0——一点也不强烈，10——非常强烈）。

练习完成后，你就可以回顾孩子的预测评分，并思考互动后的实际评分。反馈也可以由参与这个小实验的其他人提供。

在不使用安全行为时，评分的分数应当有所下降。如果情况并非如此，不妨换一个人再次尝试这个练习，让孩子增加安全行为，尽可能以夸张的方式做出这些行为。如果最初的练习没有完全奏效，这将真正有助于测试出孩子觉得这些行为有多大帮助。

让孩子暴露于社交场合

当孩子焦虑时,父母自然而然就会想去保护他们。虽然这是个诱人的方法,但是我们对焦虑的了解是,如果我们继续回避焦虑,焦虑不仅不会改善,还会随着时间的推移变得更严重。

在你保护孩子的时候,你无意中向他们传递了一个信息,即这个世界上存在着危险、风险和令人担忧的事,他们需要被保护。

为了克服这一点,重要的是为孩子提供建立信心的经验,并减少他们回避焦虑情景的次数。

让孩子逐步暴露于社交场合是帮助孩子接触新的社会经验的一个有用工具。其背后的理念是,从在可控范围内但是能引发焦虑的社会交往开始,随着时间推移逐渐加深社会交往的程度。

一旦他们在进行某个特定的暴露社交练习时感到比较轻松自如,就可以继续进行下一个可能引发更多焦虑的社交练习。但要记住,孩子的焦虑不一定会完全消失,所以一旦孩子在开始这种社交互动时焦虑从 10 分减少到 3 分或 4 分(10 分——非常焦虑,0 分——完全不焦虑),那么此时就可能是进入下一项任务的好时机。

让孩子逐步暴露于新的社会经验可以帮助孩子建立必要的

社会技能，并增加对自己能力的信心。这种循序渐进的暴露可能很困难，而且很可能需要你作为家长施加一些压力，但重要的是，孩子要同意参与其中，你们可以一起考虑他们要采取的步骤（"暴露阶梯"的例子见第 3 章）。记住，要发挥他们的长处，让孩子参与到可能觉得更轻松自在的行动中。孩子可能对电子游戏、动物、体育或其他事物感兴趣，所以要考虑利用这些兴趣来发挥他们的优势，并将其纳入暴露实验和他们的目标中。

专注积极因素

经历社交焦虑的人往往会关注社交互动中的负面因素以及焦虑症状的生理体验。对于一个孩子来说，这些负面因素可能有他们对自己的感觉，比如觉得自己很奇怪或很愚蠢，或者是集中注意力于他们认为已经发生的消极事件上，比如自己讲话磕巴、颤抖、不能直视别人的眼睛。结果，他们常常会错过在互动过程中可能获得的所有积极体验。

考虑到这一点，一个有用的做法是设定一个任务，让孩子专注于积极的方面。你们可以一起做一个实验，实验可以发生在学校的一天中，或者是某次去商店时，等等。

这样做的目的是让孩子关注在这些互动中发生的所有积极的事情。这可能包括别人对他们的言语回应、微笑、眼神交流，或者是问他们问题，想要进一步了解他们，以及对他们的问候，等等。

一旦孩子识别出这些积极的方面，就可以把它们写在一张纸上，这非常有用。这样你和孩子就可以把它们作为事实记住，以备将来之用。把它们写下来有助于：

1. 捕捉这些信息，因为它们经常被遗忘。
2. 减少孩子对社会交往中可能发生的所有消极方面的关注。

社交前的焦虑管理

这是一个经常阻止儿童参与社交互动的问题。他们经常在任何事情实际发生之前预测可能发生的事情，以一种完全不可能的方式去预测未来。

另一个有用的策略是思考这种思维方式的利弊。你可以把这些信息一起写下来，希望这样可以让你意识到思考所有消极的可能结果几乎没有什么好处，因为这些预测通常是不准确的，不能预言实际情况将如何发展。

孩子也可能会问你可能发生什么，或者如果发生了某些特定的问题该怎么办，同时也会寻求对结果的保证。你可能很难不参与这些对话，很难向孩子保证坏事不会发生。不幸的是，我们根本不知道情况会是怎样的，所以你可能会发现，以不同的方式回应是有帮助的。你可以问你的孩子：

可能的结果是什么?

上次发生了什么?

上次发生了,是否意味着这次会再次发生?我们怎么才能知道这是真是假?

这将帮助你的孩子更独立地思考可能发生的事情,并帮助他们发展自己的策略来应对未来的情况,不管这些情况是不是与社会交往有关。

示范有益行为

在孩子面前展现有益行为是一个更有用的策略。孩子对社交场合的焦虑可能是因为你在社交场合也很挣扎,或者你尽可能避免潜在的社交互动。

就算事实并非如此,你也应该以身作则,向孩子示范如何克服自己的焦虑(第 2 章提供了更多有关的示范)。

你要如何做到这一点将取决于你和孩子的情况。你可能也在与社交焦虑做斗争,如果是这样的话,你可以与孩子制定类似的目标。通过这样做,你将向你的孩子证明,你也愿意为一些非常困难的事情而努力,因而他们会意识到,你有可能克服焦虑,参与你以前无法做到的活动。

这也可能意味着,你最初需要获得进一步的支持来克服这些困难。如果是这种情况,那也很好——这表明了寻求进一步的支持是可以接受的，而且是非常正常的事情。希望在你获得帮助后，这也有助于证明，治疗是有用的。

如果你没有经历过社交焦虑，那也没问题，你可以设定不同的目标。你可能对狗、蜘蛛或小空间有特定的恐惧症，如果是这种情况，那么你可以表明你愿意克服这些恐惧，并让孩子观察，不仅仅是你打算克服的意图，更重要的是你如何实际去管理和面对这些焦虑。

卡勒姆

卡勒姆是一个11岁的男孩，最近从小学升入中学。他的父亲有焦虑症的病史，卡勒姆在父母面前总是显得有些焦虑，但他的父母很好地处理了这个问题，他们保护他不受焦虑的影响，并且确保他在当地一所很小的小学上学。这所小学的教室很小，教师之间的关系也很紧密。

进入中学后，卡勒姆似乎适应得很好，但是，随着以前的同龄人开始形成自己的团体，卡勒姆在结交新朋友方面遇到了困难，并且他开始反映某些学生会在午休时欺负和嘲笑他。这只是暂时的，学校很快就解决了这些问题。然而，就在那段时间，卡勒姆的一位老师要求他站在同学面前朗读，卡勒姆犯了一些小错误，同学们因此嘲笑了他。

在学校发生这一事件后，卡勒姆开始尽量减少他在每堂课上的互动。他不再举手，避免与老师和同学的目光接触，而且他有了这样的想法：如果他在与同学交谈或回答问题时犯了错误，人们会评判和嘲笑他。他开始尽量减少与学校里为数不多的朋友在一起的时间，并在午休时花更多时间独自在图书馆里阅读，或是花更多时间在电脑上。

同时，他的父母察觉到他在上学期间情绪似乎低落了很多，而且在星期日晚上，他的睡眠开始出现问题。他变得更加焦虑，不愿意去可能有同龄人在的商店，而且他在早上上学时明显看起来很焦虑，但他还在继续上学，而且出勤率仍然很高。

在星期五晚上和周末，卡勒姆的情绪确实要好得多。然而，他与家庭以外的人的社交活动是有限的，因为他觉得在家里更舒服，尽管他在玩游戏的时候会与一些朋友在网上交谈。

思考一下卡勒姆的情况，并尝试回答以下问题：

- 是什么原因使卡勒姆更容易受到焦虑的影响？
- 你觉得哪些事件导致了他在社交场合的焦虑症状？
- 继续避免在课堂上举手、减少与同伴的言语互动对卡勒姆是否有帮助？
- 为什么卡勒姆的情绪在周末似乎变得更好？

现在想想本章提供的策略。卡勒姆的父母可以做些什么来帮助他呢？他们应该继续帮助他避免焦虑吗？尝试完成一个暴露阶梯，让卡勒姆逐步克服他的困难。这个练习将帮助你应用在本书中读到的一些有用的策略和知识，你也可以和孩子一起使用这些策略，帮助他们克服社交焦虑的困难。

参考文献及扩展阅读

American Psychiatric Association (2013) *Diagnostic and Statistical Manual of Mental Disorders (5th Edition):* DSM-V Washington, DC: American Psychiatric Association.

NHS Digital (2017) Mental Health of Children and Young People in England, 2017. [Online]. Available at: <digital.nhs.uk/data-and-information/publications/statistical/mental-health-of-children-and-young-people-in-england/2017/2017> (accessed: 9 June 2020).

第8章

如何帮助孩子渡过分离焦虑?

克里斯蒂娜·基利·琼斯博士,
临床心理学家

在孩子的成长过程中，与我们的照顾者和依恋对象在一起，并且感觉与他们有着安全的联系，是人类最基本的需要（Bowlby, 2005）。这种需要常常伴随着我们直到成年。我们与孩子之间建立的牢固而持久的纽带为他们自己的未来留下了模板，帮助他们了解自己、他人，以及周围的世界。这些模板将在以后影响我们的孩子如何与他们自己的孩子建立联系和纽带，并塑造以后的几代人。

因为依恋对象可以提供一种安全感和舒适感，所以离开那些联系最紧密的人对任何人来说都是令人不安的，更不用说是孩子了，这可以理解。我们的孩子经常面临新的挑战和经历，比如开始上幼儿园、搬家、尝试新的爱好，或者离开家去参加学校旅行或在朋友家过夜。

担忧与他人或都熟悉而舒适的家庭分离往往是儿童成长发展的一个自然特征。然而，养育一个处于这样的焦虑和痛苦中的孩子往往会让人感到难过、不安和沮丧，尤其是当我们作为父母想要努力帮助孩子变得更好的时候。

这一章的目的是在一家人情绪激烈、前方道路显得茫然之时，提供一些安慰、理解和安全感。

如何察觉与依恋相关的焦虑

> **艾维**
>
> 艾维一直是个"难搞"的孩子,很难让她平静下来。她常常让养育的人不知所措、筋疲力尽,所以当她开始对父母大喊大叫,要求他们不要把她留在幼儿园时,父母觉得很难承受。艾维混乱的情绪让人觉得很糟糕,而且,当她的父母在幼儿园跟艾维说再见并试图离开时,艾维眼中的惊慌(有时是面红耳赤的愤怒)会在父母的心中掀起恐惧、悲伤和内疚。每天早上把她带出家门都是一场战斗。感觉生活很艰难。

对于许多不得不将孩子交给他人照顾的父母来说,艾维与其父母的挣扎可能听起来再熟悉不过。正如艾维对分离的抗议表明了她的痛苦程度一样,也可能有其他迹象表明孩子可能在为离开你的担忧中挣扎,比如说:

- 拖拖拉拉或故意"淘气",让你陷入其中,从而延长和他们在一起的时间。
- 愤怒情绪爆发。
- 噩梦的主题是担心远离他人、被遗弃、迷路或孤独。
- 过度的哭泣,看起来伤心欲绝,紧紧抱住你。

- 非医学原因导致的身体症状，如腹部不适、头痛、肌肉疼痛。
- 拒绝离开家。
- 担心你回不来了或者会有不好的事情发生。
- 担心没有你在身边，他们无法应付。

以上是一些孩子在担忧与我们分离时可能会表现出的行为和情绪类型的简短列表。你可能还注意到了其他一些表明孩子正在挣扎的迹象，倾听你自己的想法并记下这些是很重要的，因为这会让你更了解孩子。

什么会让焦虑变得更强烈？

养育一个很难接受新环境、新人群或新挑战的孩子，会让我们感到崩溃、沮丧、不知所措。当我们想象自己为人父母时，我们大多数人从未想象过孩子的情感表达能唤醒我们自己隐藏的，且通常是原始的情感。不知道如何回应孩子会让我们感到焦虑和无助，或者我们可能会觉得什么都不起作用，不知道下一步该做什么。

思考孩子、你自己或其他家庭成员正在发生的事情，是我们可以开始理解和帮助孩子管理他们的痛苦的方法之一。如果我们能停下来想一想目前的情况，以及在我们自己和孩子的生活中正在发生的事情，可能会想到一些线索，作为了解如何加强孩子的舒适感和安全感的第一步。

就算是最自信的孩子和家庭，在面对某些生活事件和变化时都会感到不安。如果你们最近经历了损失或是家庭成员的离去，比如宠物去世、搬家，或其他一些导致大家感到不安的压力，那么孩子有的时候可能会比较黏人，不愿意离开你，或挣扎在对分离的担忧中，这都是情有可原的。其他经常会让孩子不安的事情包括：

- 疾病。
- 创伤性事件，如事故、社会动荡。
- 家庭困扰。
- 日常生活习惯或养育方式的改变或不一致。
- 父母缺席。
- 感到不确定父母是否以及何时会回来。
- 学校的变化、在学校的困难。
- 即将或刚刚转学到新学校。
- 父母分居、离婚、有新出生的弟弟妹妹，以及其他家庭变化，如父母失去工作。

如果并非这些情况，那么我们可能很难弄清楚是什么让孩子感到如此困难。在这些时候，我们不得不花更多的时间去发现和猜测孩子潜在的需求可能是什么。这并不容易，但只要多想想孩子，设身处地为他们着想，我们就能开始用不同的眼光看待事物。当我们从不同的角度看待事物时，我们就可以做出一些改变，这些改变有时对于给孩子提供支持来说是很必要的。

你能提供哪些帮助？

作为父母，知道如何帮助孩子并不总是件易事。但是，你可以做一些小的改变来帮助你理解和管理孩子的担忧和痛苦。

定位、思考和联系

首先，如果我们能更好地理解焦虑和担忧，包括焦虑对我们身体的影响，包括战斗、逃跑和僵住反应（见第1章），就能提高我们对孩子焦虑反应的意识和敏感度。

培养你对孩子的意识和敏感度可以帮助你注意到孩子的挣扎和挑战，这将使你能够更好地确认那些可能有助于在那一刻让他们平静下来的事情。重要的一点是，不要让这种意识和敏感度的提高干扰到你的孩子，因此，通常情况下更有用的做法是，把你最初的观察和对孩子的想法留给自己，不要去打扰孩子。你可能也会发现，在你不去和孩子谈论这些时，与另一个支持你的成年人分享这些内容是有帮助的。如果孩子经常听到大人向别人谈论他正在经历的所有困扰，他就会对自己的问题更加难为情，从而更为焦虑。

想象一下，孩子因为要离开你而变得越来越焦虑，但他们还没有发展到足以注意和讲出自己的身体线索以及涌动的不适感的阶段。这时，如果你能够发现一些表示担忧或焦虑的迹象

（例如，坐立不安、跑来跑去、从一个话题跳到另一个话题、忘记你说过的话、手心出汗等等），对于塑造你思考和回应他们情感需求的方式非常重要。

哈桑

每个上学日的早晨，哈桑总是和父母对着干。当父母让他穿校服时，他不停地抱怨，并且不断通过辱骂他的兄弟来挑衅。哈桑经常拒绝穿衣服，他的妈妈最后总会帮他穿。哈桑还总是在该穿鞋的时候把鞋扔在门口。马上要出发了，他又会跑开躲起来，常常让所有人都迟到。当他们到达学校时，哈桑会变得非常安静，并且告诉妈妈他生病了必须回家。

哈桑的行为很明显地对他家的晨间生活造成了很大干扰，所以不难发现哈桑在经历一些挣扎。对一些父母来说，比较困难的部分可能是找出孩子的行为可能传达的潜在情感需求。我们很容易认为哈桑"调皮"或"刻薄"，他的父母和兄弟很有可能责怪他在家庭中制造问题，家庭成员也可能对哈桑大喊大叫，或认为他有一些潜在的障碍，需要进行诊断。

幸运的是，哈桑的父母在他们忙碌的生活中能够腾出空间，花时间冷静地谈论和反思在过去几个月中发现的哈桑的行为变化。他们记得，哈桑曾告诉他们，学校里有一个孩子一直骂他，而且哈桑的祖母最近摔了一跤，这让他很不安。哈桑的父母能够一起思考、猜测是什么让哈桑担忧和家人分离，这使得他的父母把对学校和祖母的担忧和哈桑在家里焦躁的行为联系起来。

正如我们从哈桑和他家人的经历中可以看到的那样，发现孩子身上明显的或隐蔽的担心和焦虑的迹象，思考孩子生活中可能发生的事情，并将这些联系起来，这些都是可以帮助你开始为孩子提供正确支持的重要阶段。我们将在本章后面提供一些帮助孩子感到更有安全感和更有联结感的其他方法。

思考孩子和他们的隐藏需求

除了提供安慰、抚育、指导和合理的管教之外，养育孩子还有点像当侦探。任何一个抱过扭动和哭闹的婴儿的人，都可能会因为不知道婴儿想要什么或需要什么而感到短暂的焦虑。我们可以做排除法，给宝宝换尿布、给他喂食、哄他入睡，直到能让他平静下来。随着孩子的成长，他们的需求会发生变化，也会逐渐复杂，但是了解孩子正在经历什么仍然是很重要的。同样至关重要的是，我们必须认识到，孩子的身体需求、社交需求和情感需求与我们自己的需求是不同的、独立的。

发现、思考、联系和贴标签

正如前面所讨论的那样，能够发现痛苦的迹象，思考我们的孩子可能发生了什么，并将这些联系在一起，可以帮助我们了解孩子行为或情绪背后的原因。这种更深入的了解可以使我们以让孩子感到更安全、更有联结感的方式提供支持，而这些安全和联结的感觉可以降低孩子可能正在经历的担心和焦虑水平。我们可以把孩子比较公开的行为和情绪比喻为冰山的一角，冰山水下的部分代表孩子的隐性情感体验和需求（见第3章）。

停止你正在做的事情，放下你的手机或关掉电视，把注意力转向孩子，真正倾听他们用语言和身体在说什么，可以帮助你看到可能正在情绪冰山下的海水中翻腾的东西。

与孩子坐在一起，倾听他们的心声，当他们感受到担忧时，保持情绪上的随和（自己不要生气），可以向孩子表明你能够控制这些情绪，并且这些情绪不会让你担心或击垮你。这可以让孩子明白，人是可以战胜强烈的情绪波动的，更重要的是，这种情绪最终会随着时间的推移而改变。

当我们能够通过倾听和运用我们的敏感性和同理心来猜测孩子的感受时，我们就更容易与孩子的情感世界建立联系，并分辨出他们可能正在经历的是哪种情绪。给孩子的情绪贴上标签通常有助于驯服情绪（Siegel and Bryson, 2012）。随着时间的推移，这种情绪的强度会逐渐降低。情感被他人倾听和理解的经历，是我们感受被另一个人联结、认可和抚慰的最有力的方式之一。

是什么阻碍了我们发现、思考、联系和贴标签？

工作、日常任务和无休止的家务琐事等干扰会阻碍我们在身体上和情感上对孩子的照顾。当我们心烦意乱，疏于与孩子沟通时，我们就会变得不那么敏感，不再能够发现孩子身上可能发生的事情，这是可以理解的。作为成年人和家长所承受的压力有时会排挤或压制我们为孩子着想的能力。有时，我们自己过去的经历可能会混淆我们如何看待孩子或他们对待自己经历的反应。

可以预见的是，我们关注孩子需求的能力有时会受到干扰，当这种情况不可避免地发生时，善待自己是很重要的。能够意识到这些干扰意味着我们可以修复与孩子的情感联系。

在帮助孩子解决焦虑时，我们需要意识到的其他重要事情包括：在回应孩子之前，先让我们自己的情绪平静下来（关于如何做到这一点的更多办法，见第 2 章）；寻求社会支持；注意我们自己对孩子行为和情绪的反应；了解我们自己被父母养育的经历。

注意自己对孩子焦虑情绪的反应

当孩子因为和他人分离而感到痛苦时，意识到你自己对他们痛苦的反应是很重要的。通过辨认出你脑海中那些由于孩子的担忧所引发的想法和情绪，将有助于理清属于孩子的情绪和属于你自己的情绪。

父母的一些常见反应有：

担忧:"如果他们一直像现在一样,一离开我就很难过该怎么办?"

恐惧:"我不知道该做什么。我已经失控了。"

内疚:"我把自己的烦恼都转嫁给了他们。我做了什么让他们变成这样?"

羞耻:"他们这样缠着我真是太尴尬了。别人会怎么想?"

愤怒和沮丧:"为什么他们就不能去玩玩儿呢?"

通过注意和意识到自己的想法和反应,你将更有能力以一种有意义的方式回应孩子的痛苦。

了解你自己长大的经历和情绪

不管我们多么努力地保护孩子,他们总是能感受到周围其他人的情绪,所以如果我们担心,我们的孩子也会担心。

如果你发现自己是一个杞人忧天的人(我们大多数人有时都是),那么你能给孩子最好的礼物,就是花一些时间学习如何管理自己的焦虑。这会帮助你在孩子痛苦时保持冷静。

当孩子变得非常痛苦,我们可能会发现自己难以承受。我们当下如何应对问题往往取决于我们的过去。我们被父母养育的经历都是独特的。有时,这些过去的经历会继续影响我们管理情绪的方式和对当前关系的反应(Van der Kolk, 2014),

包括我们与孩子的关系。

你可能已经从心理治疗或咨询中获得了情感支持，来帮助你理解过去的经历。如果是这样，通过了解你的过去、学习如何管理自己的情绪，并在需要的时候积极地寻求支持，你就能处于一个足够强大的状态，可以有效地帮助孩子。

帮助患有分离焦虑的孩子的其他策略

一旦我们理解了一些可能隐藏在孩子分离焦虑背后的原因，我们就能更有效地支持他们。

孩子可能需要你联系他们的幼儿园或学校，为他们争取额外的支持或照顾。其他需要加强的方面包括增加孩子对他人和世界的安全感，以及在理解和管理他们的焦虑时建立自己的掌控感和胜任感。

增加孩子对他人和世界的安全感和信任感

想想什么能让孩子感到安全，在你们的关系中重新引入这些东西可以帮助他们增加的安全感，增强与你的联系。一些父母发现，玩能增加积极情绪的游戏、回忆温馨的家庭琐事、提供额外的关怀，以及通过家庭常规和育儿方法来确保稳定性和一致性，这些方式对于重新建立联系都是有帮助的。

> **威廉**
>
> 威廉曾经是一个快乐的、"一点都不麻烦"的孩子，所以他的父母无法理解为什么他突然变得如此黏人。威廉的爸爸乔认为他需要让威廉坚强起来，并告诉威廉，他没有什么可难过的。可是他的父母所做的一切都无济于事，威廉只会躲在父母的臂弯后面一动不动，乞求他们不要离开他。乔在上学时一直都很喜欢学校和课后小组，所以他希望威廉也能像他一样。他觉得威廉让他很尴尬，希望威廉能像一个"正常"的孩子一样。

想想看，如果乔能够与威廉建立联系，并承认他在养育儿子的过程中被唤醒的羞愧、尴尬和不确定感，那么对威廉来说事情可能会多么不同。想想看，如果乔能够承认适应新生活会让人感到不安，并安慰威廉说能够帮助他战胜这些恼人的焦虑情绪，威廉会是什么感觉？

认可孩子的情绪是帮助孩子感到自己被倾听以及与你联系的有力方式。记住，即使你不同意孩子的观点，认可孩子的情绪反应也是可以的。你支持孩子的原则应该是，由于这是他们特有的情感体验，他们有这样的感受是可以理解的。这不等于告诉他们担心与你分离是正确的。

要弄清楚什么是认可性语言和不认可性语言并不容易。下面的例子可以帮助你更清楚地理解这一点:

不认可性语言:"你可能不喜欢上学,但至少你的学校是一个好学校!好多其他孩子甚至没有好学校可上。"

认可性语言:"看起来你现在很不想上学。你觉得上学很难,这可以理解——那儿的一切都是新的,你还不熟悉环境,不认识老师。咱们一起坐下来,让我帮你把事情弄清楚。"

除了认可孩子的感受,你还可以用同理心去接受孩子,以进一步加强你和孩子之间的联系,并建立孩子的安全感(Golding and Hughes, 2012)。

当父母真心为自己的孩子着想时,孩子就会茁壮成长。你可以让孩子知道,即使你不在身边,你也在想着他们,例如,在他们的午餐盒里写下爱的纸条,或者当他们再大一些的时候,你可以在那些令他们想不到的地方留下纸条,详细地写上你在他们身上明确感受到你欣赏的东西。你需要根据孩子的年龄进行调整,因为没有多少青少年会希望朋友看到这些纸条。

重要的是,尽量不要做出不切实际的承诺。我们不能完全摆脱担忧,也不能防止每一种引起担忧的情况发生。我们能做的就是陪在他们身边,与他们建立联系,帮助他们处理这些担忧。

培养孩子的掌控感和能力

如果我们能让孩子了解到自己的情绪体验是正常的，通常会有帮助。担心和其他不舒服的感觉都是正常的，人类存在的一部分。当孩子的担忧非常强烈，他却设法忍受并顺利渡过难关时，我们可以小小地庆祝一下，并且在以后提醒孩子这些时刻的存在。这将慢慢帮助我们的孩子增加对其他痛苦情绪的容忍度。

其他有帮助的策略包括：

- 设定道别时亲吻或拥抱的次数。
- 共同专注于当他们离开你的时候会发生的积极的事情。
- 在你离开前告诉他们你要走了，因为偷偷溜出去会让事情变得更糟。
- 告诉他们你什么时候回来，希望在接他们的时候能听到他们一天的情况。
- 确保你不会因为他们的担心而回避分离——从长远来看，逃避可能会让事情变得更棘手。有步骤的暴露会让孩子有机会学会忍受这些不舒服的感觉（更多有关"暴露"的内容，见第7章）。
- 猜测并帮助他们给自己的感觉贴标签。
- 如果你们乘车旅行，播放平静和舒缓的音乐会有帮助。通常情况下，当你们双方在关系中都很平静且联系紧密时，一起决定播放什么类型的音乐会更有帮助。
- 当你和孩子团聚时，确保你所有的注意力都在孩子身上。想象一下，如果你和一个朋友隔了很长一段时间才见面，而他们却一直在玩手机，或者根本不听你说话，你很可能会感觉不太好，而且会感觉你在这段关系中不安全或不被重视。对于孩子来说也是如此。
- 当事情变得难以承受时，向支持你的人寻求帮助。
- 增加你和孩子在一起时的情绪稳定性，包括和孩子一起玩的时间。

将担忧外部化

将问题脱离人的本身单独考量（也称为将问题外部化；White, 2007）在支持孩子应对情绪挑战时是一个有用的策略。和孩子谈论"担忧"或"担忧小恐龙"是如何妨碍他们参与喜欢的活动的，可以帮助孩子减少在做这些活动时认为自己不好或羞耻的可能。

安抚策略

利用五感来安抚（第12章中也有讨论）可以是平静强烈情绪的一个好方法。可以考虑试试精油、香料、护手霜、黏土或面糊、橡皮泥、耐嚼的糖果、跳跳糖、巧克力、在健身球上弹跳、柔软或毛茸茸的织物、双面亮片、风景照片，以及听自然的声音或平静的音乐。

利用孩子的想象力是可以帮助他们调节呼吸的好方法，例如，让他们在吹想象中的气球或吹动一根真实或想象中的羽毛时呼气6秒钟。帮助孩子放慢呼吸是一种平息情绪的有效方法。当孩子吹泡泡或慢慢吸气和呼气时,你可以把泰迪熊放在他的肚子上,这是一种有趣和平静的方式,来帮助孩子感到舒缓。

重要的是,当孩子情绪平稳、愿意配合时,要练习使用不同的安抚策略。这会保持趣味性和游戏性,让孩子主导他们喜欢和不喜欢的东西。抽出时间来探索什么能帮助孩子,对你们两个人来说都是一件有趣和愉快的事情,你甚至可能会发现一些能帮助你自己感到平静的东西!

参考文献及扩展阅读

Bowlby, J. (2005) *The Making and Breaking of Affectional Bonds.* London: Routledge.

Golding, K. and Hughes, D. (2012) *Creating Loving Attachments.* London: Jessica Kingsley Publishers.

Siegel, D.J. and Bryson, T.P. (2012) *The Whole-Brain Child: 12 Proven Strategies to Nurture Your Child's Developing Mind. London:* Constable & Robinson Ltd.

Van der Kolk, B.A. (2014) *The Body Keeps the Score: Brain, Mind, and Body in the Healing of Trauma.* New York: Viking.

White, M. (2007) Maps of Narrative Practice. New York: Norton Books.

第 9 章

强迫观念会影响到孩子的生活吗？

萨姆·汤普森，注册心理健康护士和认知行为治疗师

本章主要介绍强迫观念与强迫行为，以及儿童强迫观念和强迫行为的具体症状。我们将探究各类强迫观念和强迫行为（如身体变形障碍），阐述它们被看作是疾病的原因。本章末尾还将提供一些有助于克制强迫观念和强迫行为的简单方法。

强迫症的定义及其对孩子的影响

强迫症可能严重影响患儿及其家人的正常生活。研究显示，强迫行为会影响儿童的学业、社会生活和家庭生活（Allsopp and Verduyn, 1989）。如果你的孩子患有强迫症，你可以通过更深入地了解强迫症来帮助他们尽快走出困境。

强迫症主要表现为强迫观念和强迫行为两种类型。侵入性思维/画面会给孩子带来莫大的压力，产生严重焦虑；一些有强迫观念的孩子可能会觉得自己必须采取某种"强迫行为"，以暂缓当下的痛苦。孩子的强迫行为可能不易察觉。下面概述了几种儿童中常见的强迫观念和强迫行为。

强迫观念

强迫观念是指孩子经历的一种挥之不去、在脑中反复出现的想法或画面。我们都经历过侵入性思维，这种现象较为常见。例如，你站在车水马龙的路边，等着过马路时，突然想到："如果我现在走过去，肯定会被车压扁。"这一想法骤然浮现在你的脑海中，然后迅速淡出你的短期记忆。等到你真的过马路时，已经完全忘记它了。然而，有些人的侵入性思维会持续反复出现在脑海里。侵入性思维的反复出现会给儿童带来极大的痛苦、困扰和不安。当侵入性思维出现时，孩子会想尽一切办法，尽快从脑海中抹去这个画面，以此减轻痛苦。举一个最接近的例子：想象你曾经做过的一场噩梦，其中的画面很生动，让你感觉非常真实。现在，想象一下这个噩梦每日每夜都在回放，从不间断。这就是被强迫观念侵扰的感觉。

这种萦绕在孩子脑海里的思维或图像可能会引起极度的痛苦和忧虑，但你应该意识到，孩子随强迫观念产生的困扰可能并不总是与现实生活中的问题有关。常见的强迫观念有以下几种类型：

- 担心污染：孩子可能害怕因接触了某个人或者做了某件事而受到污染。他们还可能担心自己因感染病毒、细菌或沾染了灰尘而生病。这会导致孩子因为害怕生病和担心周围可能存在的致死风险而避免接触任何潜在的污染源。因此他们会采取额外的预防措施，例如每天过度洗手、反复洗澡，甚至要求自己的衣服每天都要洗干净等，以减少他们所担心的事情发生。
- 害怕受伤：孩子可能害怕自己或他人受到伤害。有这种想法的孩子可能仅仅因为想到不好的事情或许会发生在他们认识和爱的人身上，就感到内疚或产生负罪感。
- 伤害/暴力的想法：孩子可能会出现想要伤害自己或其他人的想法。因此他们可能会觉得自己对他人是一种危险，人们不会喜欢他们，或者会评判他们。有这些反复出现的想法会导致孩子变得更加孤立于他们的同龄人群体和家庭成员。孩子有这些想法并不意味着他们会伤害自己或他人。重要的是，要把思想和行动分开。

强迫行为

如果一个青少年正在经历导致他们焦虑和痛苦的强迫性思维，那么他们可能会觉得有必要找到一种方法来减少这些想法。作为人类，当我们感到焦虑或不安时，我们总是会去想办法控制这些情绪。没有人喜欢焦虑或痛苦。一个正在经历侵入性思维的孩子可能会通过执行强迫行为来减少这些想法。强迫行为指的是孩子为减少其痛苦程度而进行的一种重复性行为。下面列出了许多你可能在孩子身上注意到的常见的强迫行为。这一列表并不详尽，孩子可能还有其他的强迫行为，他们甚至可能没有意识到这些强迫行为，直到他们谈到自己的担忧时才会发现。

- 洗手：洗手次数过多，时间过长。你可能注意到孩子洗了一次手，然后在随后的时间里以同样的方式洗了好几次。在某些情况下，孩子会觉得需要经常对卧室或在学校里使用的厕所和储物柜进行清洁和消毒。
- 排列：以某种方式在卧室里摆放物品，不希望任何物品被从卧室里拿走，或者确保不会让家人或朋友碰到自己房间的某个部分。你可能会注意到，如果孩子的卧室被打扫干净了，或者某些东西被拿走了，他就会变得心烦意乱。

- 重复：孩子可能不得不对自己重复某些单词或行为，有时候是在没有其他人听到或知道的情况下。他们可能觉得这些话或行为需要按照一定的顺序完成，而且必须按照这种顺序执行。序列中的任何干扰或中断都会给孩子造成更大的痛苦。
- 检查：与确保房子里的某些东西是否开启或关闭有关。在青少年中间常见的例子包括检查家中的电灯开关或浴缸水龙头是否关闭。他们也可能反复检查充电器或直发器的开关是否已经关闭。孩子也可能从朋友和家人那里寻求安慰（更多关于安慰的信息，见第1章）。
- 计数：这些强迫行为与某一行为完成的具体次数有关。例如，他们可能会检查电灯开关是否已关闭4次。你的孩子可能会在别人没有注意到的情况下，在脑海中数到某些数字或数字序列。

身体变形障碍

你可能会注意到孩子提起他们的身体特征，以及这些特征在别人看来是怎样的。他们可能会讨论起那些他们认为自己身上并不十分吸引人的特征，并且会自我批评。这可能会导致他们更加关注自己的外表，以及在别人眼中的形象。孩子可能觉得有必要在一天中无数次地检查自己的脸部，经常照镜子并强调自己的特征。患有身躯体变形障碍（BDD）和饮食障碍的儿童有重叠的趋势。然而，值得强调的是，患有躯体变形障碍的孩子倾向于关注别人可能看不到的特定身体部位，而饮食失调的孩子则专注于他们的整体形象、体重或体型。

策　略

作为家长，你一定想知道如何正确地支持你的孩子，所以我们总结了以下策略，以帮助鼓励你这样做。如果你有任何疑问，或者你对这些策略不确定，那么请联系当地儿童和青少年精神健康服务中心的临床医生，他们可以给你提供指导。

了解焦虑是如何起作用的

更高的焦虑水平会对强迫症产生重大影响，尤其是当孩子可能正在经历的侵入性思维和强迫行为时。返回第1章，了解一下焦虑以及它是如何在身体和心灵中被感受到的。如果孩子正在经历更大程度的焦虑，那么他们有可能会经历更严重的侵入性思维和强迫行为。

展现好奇心

如果孩子有强迫观念和正在进行任何形式的强迫行为，那么这对他们自己和你，以及其他家人来说都是非常痛苦和苦恼的事情。家庭里年纪比较小的孩子比较幸运，可能没有意识到发生了什么，但他们很容易感受到兄弟姐妹的痛苦和沮丧。重要的是，要把这些情绪"拒之门外"，尤其是你作为父母对此的感受。如果治疗强迫行为和强迫观念那么简单，那么就没有人会患上这种病了。相反，你要在问题中展现出好奇，尤其是在和儿童说话的时候。我们要像是一个拿着放大镜的老派侦探，去寻找蛛丝马迹。我们需要知道为什么孩子会感到不安或生气。例如，你可以说：

"你能告诉我你现在的感受吗？"

"发生什么事了？"

"我注意到你最近经常洗手。一切都还好吗？你能告诉我发生了什么事吗？"

寻求安慰

如果你的孩子感到焦虑，而且在经历强迫观念和强迫行为，他们可能倾向于从你或者他们认识的人那里寻求安慰。孩子会借助这种方法来帮助他们快速缓解焦虑。矛盾的是，频繁的安慰会对孩子的幸福产生不利的影响，并可能增加他们向你寻求安慰的冲动（见第 1 章）。你的孩子也可能坚持想继续实施由他们的强迫性思维法引发的行动。

亚伯拉罕

亚伯拉罕是一个 13 岁的男孩，与他的父母和宠物狗莫莉一起生活。在过去的几年里，亚伯拉罕的父母注意到他洗手的次数异常多。他的母亲提到，他不仅是在吃饭前洗手，而且变得越来越频繁，父母不得不每周补充洗手液。亚伯拉罕的父亲注意到，他的手开始变得干燥开裂。当被问及这个问题时，亚伯拉罕会否认这个问题存在，并经常对父母发火。家里人注意到，亚伯拉罕会以某种固定的方式完成他的日常任务，并反复检查某些电器是否关闭，如烤箱和床下的手机充电器。

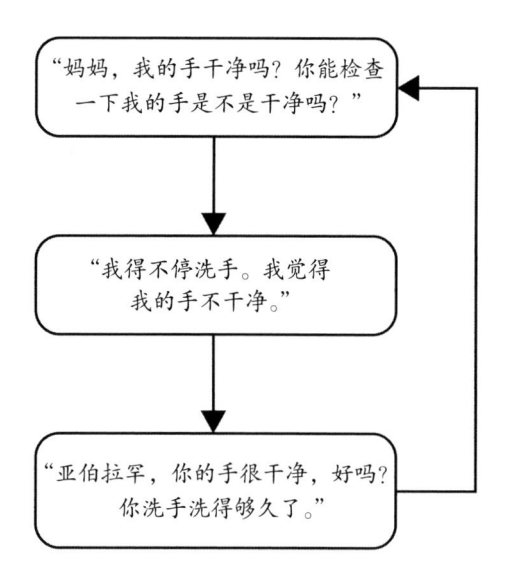

```
┌─────────────────────────────┐
│ "妈妈，我的手干净吗？你能检查 │ ◄──┐
│   一下我的手是不是干净吗？"  │    │
└──────────────┬──────────────┘    │
               ▼                   │
      ┌──────────────────┐         │
      │ "我得不停洗手。我觉得 │      │
      │    我的手不干净。"   │      │
      └──────────┬───────┘         │
                 ▼                 │
┌─────────────────────────────┐    │
│ "亚伯拉罕，你的手很干净，好吗？│ ───┘
│     你洗手洗得够久了。"      │
└─────────────────────────────┘
```

图 9.1　寻求安慰

图9.1显示了亚伯拉罕与母亲之间经常会出现的对话。图中显示了亚伯拉罕的感受，他要求母亲确保他的手确实是干净的，尽管他已经洗了很长时间。如果亚伯拉罕从他母亲那里得到这种安慰，那么实际上，这无意间加强了亚伯拉罕的担忧感。这导致他的潜在担忧随着时间的推移而增加，让这些担忧进而发展成为其他情况，例如，走出家门后担心家里的东西可能没有关掉。如果亚伯拉罕的母亲不再提供安慰，亚伯拉罕将不得不自己安慰自己，这将从整体上改善他的焦虑情绪。

重要的是要认识到，虽然提供安慰对孩子不是很有帮助，但在一段时间内，你要做的仅仅是逐渐减少安慰次数，以你感到舒服的方式进行。给予安慰的程度要有一个微妙的平衡，如果立即停止，可能会给孩子造成进一步的影响。你可以监测孩子在一天中向你寻求安慰的频率，并将其记录在手机或一张纸上。当你拿到粗略的数字时，就可以慢慢减少给予孩子的安慰，并鼓励孩子认识到自己的感受，以及他们可以做什么来管理自己的焦虑。

不让强迫症控制孩子

患有强迫症的孩子经常描述强迫观念和强迫行为是如何控制了他们的生活。帮助孩子对此进行管理的方法之一是鼓励他们对强迫症行为进行"反击"，因为强迫症行为正在引发担忧和痛苦的感觉。鼓励孩子控制强迫症，而不是让强迫症控制他们，对改善结果至关重要，并将有助于发展他们的信心，尤其是在有强迫症症状的孩子通常自尊心较低的情况下。将孩子的困难外部化（见本章后面的"焦虑外部化"策略）也可以对此有所帮助。

语言选择

当面对一个患强迫症的孩子时，你会感受到一系列的情绪，这是完全可以理解的。作为一个人，难免有时候会让情绪影响到自己，导致你的反应与平时不同。然而，重要的是要认识到你对语言的选择也会对正在经历强迫症的孩子产生影响。通常，否定孩子的感受或表现出一贯的嘲讽态度会产生潜在的破坏性后果。这也会使孩子感到不被认可，特别是当他们正在经历这样的困难时。调整方法，去倾听和认识孩子正在经历的事情，这可以为帮助他们拥有技能和信心来度过这段令人苦恼和不安的时间奠定基础。给孩子提供时间和空间来倾听和理解他们所经历的事情，鼓励他们敞开心扉谈论困难。通常情况下，孩子们不愿意讨论他们的困难，原因是多方面的，最明显的是害怕被否定和被评判，以及担心别人会怎么看他们。

中和思想

经历过侵入性思维的孩子会感到高度的痛苦和不安，并经常试图"中和"这些想法。"中和"是指执行强制措施以消除侵入性思想或想象的过程。通过这样做，你的孩子在短时间内暂时减少了痛苦程度。然而，他们越是经历侵入性思维或想象，就越有可能继续实施强迫行为。根据孩子所经历的焦虑和痛苦想法的水平，你可能经常看到孩子做出更多强迫行为，因为他在用强迫行为来"阻止"他们认为不好的事情发生或变成现实。

与孩子聊聊，讨论一下他们如何能够改变目前正在经历的侵入性思维。虽然讨论和解释他们的想法可能会使他们感到更加焦虑或不安，你可以采取其他策略，例如通过探索他们拥有的积极记忆和想象画面来平衡侵入性思维。想象对儿童来说是非常有力的，特别是当他们放开手脚，发挥想象力的时候。他们可能有一段最喜欢的记忆，如某个假期或家庭时刻，你可以鼓励他们探索这一点，让他们在开始感到焦虑或不安时使用这些想法。这种技能可能需要时间，但会鼓励孩子在面对某种情况时，用其他思维方式来平衡负面的侵入性思维。如果这种形式的想象似乎没有作用，那么就聊聊如何使想象的画面变得"更傻"，或介绍一些可能使孩子发笑的东西。通常情况下，鼓励青少年去想"傻"的画面或他们可能觉得有趣的东西，可以帮助减少他们整体的痛苦水平。探索其他方法来管理所经历的想法也可以帮助减少强迫行为。

把它写下来

当孩子们对某种情况感到特别焦虑或担心时，他们往往会反复思考。虽然我们不是读心者，也不会说自己是，但我们可以从孩子的某些行为方式中察觉到这一点，尤其是当他们正经历着强迫观念和强迫行为的时候。帮助孩子控制反复思考的一个方法是鼓励他们在类似于下表的表格中写下他们正在经历的担忧。这张表鼓励孩子们在感到特别焦虑的时候将他们的感受具体化。每一栏都将当前的情况分解为正在发生的事情,以及他们的想法和感受。如果把它写在纸上对孩子来说很困难的话,他还可以使用免费的应用程序,也可以用平板或者电脑来写下正在经历的事情。

发生了什么?	我感觉如何?	我在想什么?	我做了什么?
周末过后不想回学校。	一开始很担心,压力很大,但后来放松了。	我不希望我的家人发生任何不幸。	我在脑海中数3的倍数,一直数到30。

图 9.2　思想日记实例

不要假设

预设孩子发生了什么可能是一种本能,特别是在孩子害羞或不愿意谈论时。对于非常担忧的孩子来说,无论他在担心什么,都需要鼓励他们以自己的方式说出他们的情况。如果我们开始对孩子的感受做出预设,那么他们可能就会感觉无法说出自己的担忧,或者认为他们自己的感受并不重要。继续鼓励孩子通过其他媒介来表达他们的感受,如素描、彩绘和使用工艺品。我们都有不同的方式来表达自己的感受,所以理解和认识这一点很重要。谈话内容可能是这样的:

父母:卡迈勒,我注意到你似乎有点担心。一切都还好吗?

卡迈勒：我不懂自己的感受。

家长：没关系，人不是时刻都能懂得自己的感受。我知道你很会画画，你愿意为我画一幅画吗？

卡迈勒：是的，当然可以。

家长：你画得真细致。这些线条是什么意思？

卡迈勒：这些线条往往意味着我感到愤怒和不安。

家长：你为什么会感到愤怒和不安？

卡迈勒：当我认为有坏事会发生在我们身上时，我就会感到愤怒和不安。

将担忧外部化

如果经历强迫观念和强迫行为的孩子的做法受到朋友和家人的质疑，他们可能会感到受伤和不安。他们可能会觉得这些评论是针对他们自己的，并将其内化，造成进一步的困扰。这也可能使他们不愿意谈论自己的担忧或困难。帮助青少年谈论事情的一个方法是将他们的行为外部化，用孩子自己选择的名字来指代这些行为。给强迫行为起名字可以帮助青少年认识到他们需要努力和克服的对象是什么。鼓励孩子想出一个名字，如果他们愿意，甚至可以画成一幅画。通常孩子会画一个怪物来表达他们对正在经历的强迫行为和强迫观念的想法和感受。这是为了重申他们不喜欢正在经历的事情，并希望"打败"它。

罗西：我叫他格洛布，因为我不喜欢它，我希望它永远离开我的生活。当我听格洛布的话时，它让我感到不安和愤怒。当我不听他的话时，我感觉更快乐。

成人：那么罗西，格洛布给你的感觉如何？

罗西：我不能忍受格洛布。它太可怕了，也很讨厌。我讨厌格洛布。

成人：格洛布让你感到如何？

罗西：格洛布让我感到担心、焦虑和恶心。

成人：为什么格洛布让你有这样的感觉，罗西？

罗西：因为格洛布让我做一些我不想做的事情。

成人：格洛布让你做什么？

罗西：格洛布告诉我，我数东西时必须用 2 的倍数，否则会有坏事发生。

成人：你要对格洛布说什么？

罗西：我让格洛布闭嘴，走开。

帮助孩子与"格洛布"抗争可以让孩子明白他们可以战胜这些想法和行为。如果孩子觉得他们的行为就是自己的一部分，那么他们就很难将这种障碍与自己分离开。

参考文献及扩展阅读

Allsopp, M. and Verduyn, C. (1989) 'A follow-up of adolescents with obsessive-compulsive disorder', *The British Journal of Psychiatry,* 154(6), pp.829–834.

March, J.S. and Mulle, K. (1998) OCD *in Children and Adolescents: A Cognitive-Behavioral Treatment Manual.* New York: Guilford Press.

The UK's Largest OCD Charity | OCD Action (2020). [Online] Available at: <http://www.ocdaction.org.uk/> (accessed 17 October 2020).

Salkovskis, P.M. (1999) 'Understanding and treating obsessive compulsive disorder', *Behaviour Research and Therapy*, 37, pp.S29–S52.

Veale, D. and Neziroglu, F. (2010) *Body Dysmorphic Disorder.* Chichester: Wiley-Blackwell.

Waite, P. and Williams, T. (2009) *Obsessive Compulsive Disorder.* London: Routledge.

第 10 章

由健康引发的焦虑要如何解决？

斯科特·伦恩，社会工作者、认知行为治疗师和 EDMR 治疗师本章探讨了儿童对自己的健康会感到的焦虑。健康焦虑在青少年中很常见，小到担心自己肚子疼，大到害怕自己长了脑瘤。本章从历史和文化角度解释了这种特殊形式的焦虑，并探讨了有健康焦虑的儿童经常做出的各类行为和经历的思维困境。

本章的后半部分提供了一些家庭可以使用的有用策略，以及可以帮助孩子从不同角度看问题的隐喻。我们的目的是通过和孩子协作、发掘行为实验从而建立起孩子们的信任，这些行为实验为孩子们关注自己的健康提供了不同角度的解释。与其他焦虑症一样，我们讨论的概念和实施的干预措施必须遵从专业建议，以防孩子的焦虑发展成问题，甚至严重影响到他们的日常生活。

安德鲁

安德鲁是一个10岁的男孩，他经常头疼、肚子疼，胸腔和腹侧也疼。他总是问妈妈他是不是有很严重的问题。安德鲁经常担心自己得了重病，担心自己会死去。他的父母已经带他去看了医生，也给他做了很多检查，但检查结果没有异常，无法证实安德鲁确实患有疾病。安德鲁经常说："我觉得医生看的地方不对，做的检查也不对。"

在安德鲁9岁时，他的祖母死于癌症。不久之后，他开始抱怨自己的健康状况。他坚信疾病会家族遗

> 传,所以他也会得癌症。安德鲁花了很多时间搜索各种网站,了解各种已知的疾病。安德鲁的姐姐说他得了疑病症。安德鲁对此反应是:"但我所有症状都有,所以一定是真的病了。"

安德鲁的行为有几种可能的解释。躯体症状障碍,也可能是心理压力和心理诱因导致的不适。拉特等人(Rutter et al., 2006)整理的研究表明,儿童躯体症状障碍(生理症状)的发生率很高,尤其是腹痛。

健康焦虑

健康焦虑(有时也被称为疑病症)是一种让人们花太多时间担心自己已经生病或可能要生病,以至于影响日常生活的疾病。那些受健康焦虑影响的人有一种强迫性的观念,认为他们正在(或将会)经历某种身体疾病。最常见的健康焦虑往往集中在诸如癌症、艾滋病等疾病上。实际上,经历健康焦虑的人会因为任何类型的疾病而焦虑。人们对身体症状的关注和害怕患严重疾病的恐惧程度不同,从感受或观察到身体异常后轻微的担心,一直到严重的关注和恐惧,担心自己已经得了或将要患上一种严重的、威胁生命的疾病,思想和行为全部围绕着这种担忧展开,而患病概率实际上并没有那么高(Salkovski et al., 1986)。

家庭中的健康焦虑

健康焦虑和躯体症状都不可能在一夜之间发生，它们往往与孩子生活中的其他因素有关。要考虑孩子出现这种行为时更广泛的背景。

我们可以把孩子的行为看作是一种沟通方式，而不是孩子想要操纵我们。例如，健康焦虑引起的一些行为可能是为了施加控制。比如孩子说自己头很痛，不想去学校。虽然你可以认为这是孩子在为不去上学找借口，但孩子在背后表达的意思可能是他们感到不安全，他们在某一堂课上很吃力，或者他们可能因为担心父母而不愿离开家。有时，我们需要看看孩子潜在想要沟通的是什么，以及沟通的内容与什么有关。这些内容可能包括家庭内部运作的方式，或孩子在其他方面遇到的困难。家庭内部想要做到这一点可能很困难，所以往往需要一些来自家庭外部的观点（难的是要真的听进去！）。我们需要注意的是，孩子不是孤立的个体，而是包括家庭、学校、朋友和社区等在内的更广泛系统中的一部分。

然而，一旦孩子形成一种模式，往往很难认为其他的反应是合理的。那么，你能做什么呢？在上面的例子中，安德鲁对健康状况知识了如指掌，他的说辞会非常有说服力，哪个父母（或医生）会不想给他做检查，万一他说的是真的呢？当然，起初你可能不得不这样做，而且通常医院会支持这一决定。然而，正如我们在后面指出的那样，如果你要做检查，你是在假设问题本身是真实存在的……听起来耳熟吗？

和有健康焦虑的人一起生活非常困难，孩子的学业和出勤状况也会让你倍感压力。父母想要努力给孩子的身体状况提供合乎逻辑的解释来安慰孩子；他们会觉得孩子的想法和行为不合逻辑、不合常理，但矛盾的是，他们同时也看到孩子的痛苦在加剧。这些家庭对健康的关注可能会让家庭氛围变得紧张，而且往往令人疲惫。

不久之前，"疑病症"（hypochondria）一词被用作健康焦虑的诊断术语。然而，从社会的角度来看，我们对那些过于专注于自己健康的人却比以前更不耐烦了，"疑病症"一词现在很大程度上是贬义的。精神病学诊断手册现在使用"疾病焦虑"一词，并且倾向于只在较为严重的病例中使用"疑病症"一词。

拉丁语"hypochondria"一词的意思是"腹部"，后来又有了一个更深的含义，这一含义中涵盖了"基于并非实际存在的原因"的意思。随着时间的推移，这个词就因此产生了负面的含义，我们都听到过人们用这个词开玩笑。然而，我们要怀有一颗同情之心去看待它。

如果一个人相信自己有病，那么不管他是否真的患病，这种感觉都不是很好。因此，从同情的立场出发，下面是疾病焦虑或健康焦虑的一些表现：

- 坚定地认为自己已经患上或将要患上某种严重的疾病。
- 担心身体产生异常的感觉是源于某种严重疾病的症状。
- 对健康状况的担忧处于红色警戒状态。
- 就算检查结果正常，还是不放心。

- 反复检查身体是否有患病迹象。
- 因为害怕感染而避开某些人群或某些地方。
- 经常谈论这种疾病,为了消除疑虑而约见医生或其他专业人士。

被诊断患病的人可能会产生健康焦虑,健康的人也可能会产生健康焦虑。要符合健康焦虑症的诊断标准,一个人的症状必须持续至少6个月,且焦虑必须给他造成了严重的痛苦,或给他的日常生活带去了负面影响(American Psychiatric Association, 2013)。

帮助孩子理解正在发生的事情

当孩子对自己的健康过度关心时,主要可以从以下6个方面探索。分别是:

1. 孩子对发生在自己身上的事情的信念。

2. 因为害怕事情变得更糟而回避或停止做事是无益的。

3. 为了确认身体哪些部位存在问题而不断检查或审视身体的状态。

4. 考虑选择性注意的因素,当注意力集中在身体的某部分时,会放大那部分的症状和感受。

5. 看看孩子正在获得什么类型的安慰,比如从父母、卫生专业人员、医生等处不断寻求安慰,以获得短暂满足。

6. 评估孩子正在寻求什么类型的信息,例如上网查看症状可能意味着什么,以及疾病可能的治疗方式是什么,这其中包括预后情况和症状改善的程度。

一个有用的方法是创造一个问题之花（参见图 10.1）。拿一张空白的纸，在中间画一个圆圈，旁边画上 6 片花瓣。把孩子害怕的健康状况放在中间，然后想想上面的 6 个主题，把这些主题当作连接着花蕊的花瓣，每一片花瓣都强化着花蕊里的核心信念。

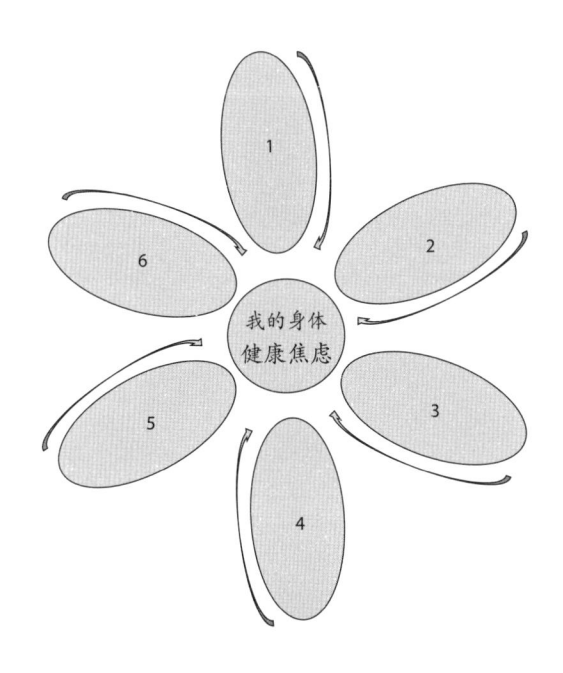

图 10.1　理解健康焦虑的问题之花

把这些画出来可以帮助孩子将正在发生的事情可视化，并且给孩子提供一种新的思路，从原本只认为自己病了的单一视角中解放出来。要进行这样的转变可能很困难，对安德鲁来说，他担心没人把他当回事。安德鲁的父母需要先肯定他确实感知到了健康焦虑，并考虑为正在发生的事情提供两种不同的解释。通过一种叫作"A 理论和 B 理论"的方法，从两个不同的角度来解释安德鲁的症状。

A 理论和 B 理论

假设 A 理论是安德鲁确实病了，他所经历的所有症状都是真实的，这表明这些症状与一种严重的疾病有关。现在，我们估算一下安德鲁在一周中花了多少时间在这个理论上（一周按 168 个小时计算）。例如安德鲁每周花 60 个小时在这个理论上。

我们现在提出另一种理论，即 B 理论。B 理论是指安德鲁的症状可以通过一个心理逻辑模型来解释，所有在上面问题之花中的行为，都是安德鲁挣扎于此的原因。然后，我们可以和安德鲁一起思考，如果我们要了解这个 B 理论可能需要知道些什么，以及我们如何才能将安德鲁的部分时间转移到 B 理论上，还要看看我们是否可以改变或减少问题之花中的一些确定行为。当安德鲁开始接受他的症状可能是由于其他原因导致的，他就有可能做出改变，而这正是我们要达到的目的。（这种方法是一种著名的认知行为疗法，有助于提供一个框架，为孩子提供不同视角。）

在向 A 理论和 B 理论迈进的过程中，我们可能需要一些安德鲁患有癌症这一信念相关的确凿证据，比如实际数字、儿童患癌的先决条件、患病率和相关疾病等等。

为了让 B 理论更直观,你可以画一幅人体图,展示焦虑和担忧是如何影响身体感觉的,以及它们会对身体的哪些部分造成影响(参见第 1 章)。

试着画出孩子的身体,并描绘出孩子发生问题的部位和感受(下面是一些例子)。

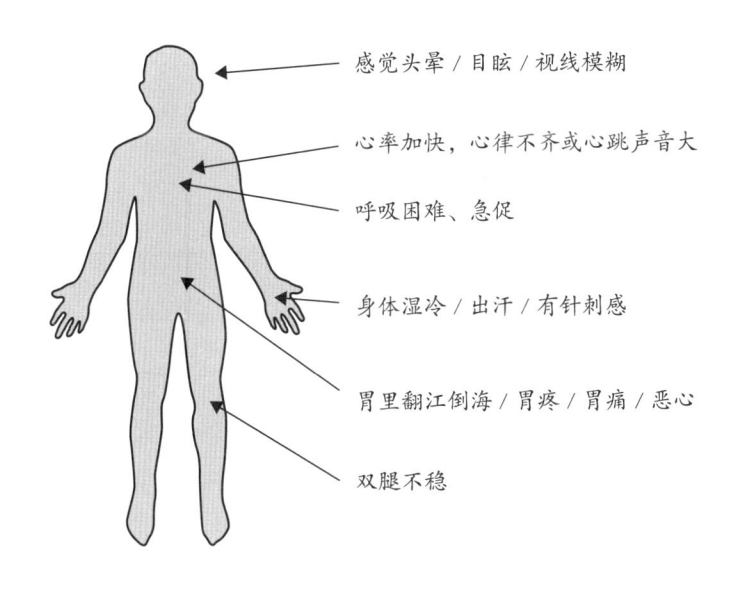

人体图标注:
- 感觉头晕 / 目眩 / 视线模糊
- 心率加快,心律不齐或心跳声音大
- 呼吸困难、急促
- 身体湿冷 / 出汗 / 有针刺感
- 胃里翻江倒海 / 胃疼 / 胃痛 / 恶心
- 双腿不稳

图 10.2　人体图样例

X 光扫描

健康焦虑患者的一个主要行为是"扫描"自己的身体,然后对"扫描"后的感觉或小毛病进行有偏见的解释。X 光扫描这一策略可以帮助支持 B 理论中有关将注意力集中在身体特定部位的说法。和孩子想象一下他们正在接受 X 光扫描:他们要从头到脚扫描身体，寻找身体上不疼或他们没有抱怨有问题的部位（比如脚踝和脚），然后把注意力集中在这个部位。集中注意力后，大多数人都会说自己感到疼、麻木、轻微疼痛、有针刺感。这个现象很正常，但这证明了什么呢？我们可以用它来支持理论B，它显示了如果你长时间专注于身体的一个部位，你就会在这个部位产生某种生理上的感觉。这就支持了理论B，因为这是一种心理驱动的感觉，而非身体驱动的感觉。

当我们把注意力集中在一个部位，就是默认在寻找某样东西。身体和大脑可以创造出我们所有人都共有的感觉。

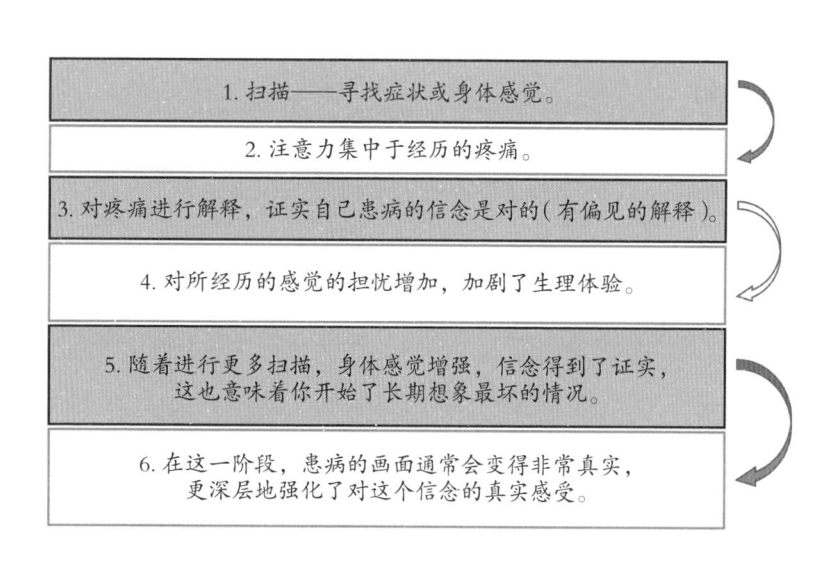

1. 扫描——寻找症状或身体感觉。

2. 注意力集中于经历的疼痛。

3. 对疼痛进行解释，证实自己患病的信念是对的（有偏见的解释）。

4. 对所经历的感觉的担忧增加，加剧了生理体验。

5. 随着进行更多扫描，身体感觉增强，信念得到了证实，这也意味着你开始了长期想象最坏的情况。

6. 在这一阶段，患病的画面通常会变得非常真实，更深层地强化了对这个信念的真实感受。

图 10.3

扫描是健康焦虑的相关行为的一部分，你在将扫描与问题本身联系起来，然后提出这样一个问题：扫描是否增强了身体的感觉，而且是否一旦我们确定了这些感觉，我们就可能把这些感觉解读为一种焦虑、一种对我们健康的威胁？这种扫描、解释、再扫描、再解释的过程会变成一个恶性循环，导致灾难性思考的增加。

图 10.3 中是一个灾难性思考不断累积的例子。在这个过程中，你越早停止思考，这些想法所造成的痛苦就越小。

在第一或第二阶段，花些时间和孩子一起评估孩子感受到的痛苦程度会非常有帮助。程度包括 0~10，0 代表完全没有烦恼或痛苦，10 代表最深切的烦恼或痛苦。如果孩子年纪小，可以用一条横线，线的一端是一张快乐的脸，另一端是一张悲伤的脸，孩子可以在这条横线上放置竖线，用以表示他们的情绪程度。还有，在图 10.3 所示的阶段之间，可以做一些能够分散孩子注意力的事情，让孩子在 20 或 30 分钟的时间段内不去想 X 光扫描的事，你们可以泡茶、玩游戏、散步。等时间到了，再给孩子痛苦或悲伤的程度评分。如果孩子痛苦程度降低了，那么就可以支持 B 理论，因为如果症状真的是由身体疾病，如脑瘤或癌症所导致，那么孩子痛苦的程度就不可能降低。

现在，你给 B 理论提供了越来越多的支撑，让它逐步成了一个解答问题的替代视角，但你的孩子仍在努力吸收和处理这一点。

接下来的旅程通常是最艰难的，因为我们将要求孩子转变信念。请记住，你是在要求他们违背所有预先设定好的生存和进化本能，这种本能是当他们认为自己已经患有或可能患上严重的疾病时被激发的（见第 1 章）。这通常被称为"威胁系统"（大脑杏仁核触发的进化系统，它使我们的身体为了生存开启超速运转）（Gilbert, 2008）。迈出下一步真的非常困难。我们必须为孩子创造足够的好奇心和信任感，让他们考虑到问题确实可能有另一种解释视角——研究表明，特别是对儿童和年轻人，在实践中使用隐喻，可以帮助他们找到二者相似之处，也可以让我们找到共同的语言。

使用隐喻：转变信念

跟孩子使用隐喻是帮助孩子学会解决问题的好方法，从而帮助孩子应对自己的困难。"信念之跃"这个隐喻是通过故事来帮助孩子解决问题。你可以从下面的情景开始引入：

> 我们想象一下这样的场景，你正在旅行，穿越一片神秘的森林，途中偶然发现了一个村庄，村庄深处有一座大庙。当你走进寺庙时，遇到了村子的村长，他正焦急地站在那里，准备把村里仅存的几只动物中的一只拿来献祭。村长需要对所有依赖于自然、土地和庄稼的村民负责。他正被一群村民包围着。村民们看起来忧心忡忡。你问一个村民发生了什么事。他告诉你，很明显——村长每天都要祭祀一头动物，以确保太阳会在早晨升起。村民们认为，要是不祭祀，太阳就不会升起。这是因为，只要祭祀完成，太阳到时总会升起。

问问你的孩子他会怎样回应村民。你的目标是让孩子得出这样的结论：即使不祭祀，太阳也同样会升起。现在你继续讲故事，孩子和村民的交流继续：

> "村子里快没食物了，因为几乎所有的动物都被宰杀了。"村民说，"但至少我们可以肯定，太阳会照常升起。"村民们为如何养活自己的家人发愁，他们担心自己可能不得不离开村庄，去其他地方寻找食物。

让孩子思考他们可能对村长和村民说些什么，同时你可以自己扮演村长的角色，让孩子和作为村长的你一起解决这个问题。你可以争辩说你一直都是这样做的，而且太阳一直都在升起。孩子需要尝试找到一种方法来说服你，让作为村长的你去考虑另一种信念。这就类似于使用 A 理论/B 理论的策略。村长持有一种理论（A 理论），孩子持有另一种理论（B 理论）。孩子能否设计一个实验来验证 B 理论？孩子可以说什么来帮助村长？要怎样才能说服村长进行转变信念，看看太阳是否会在不宰杀动物的情况下升起？孩子可以向村长提供什么论据来帮助他们解决这个问题？

一旦孩子帮助村子找到了解决方案，你可以寻找这个隐喻与孩子自身情况的相似之处。孩子可以从这个隐喻中得到什么，并如何应用于他们自身的困难？

你们可以把这一练习中的所学运用到自己的情况中，并牢记 A 理论和 B 理论的概念，这样你就可以和孩子一起探索，如何在他们认为 A 理论是自己困难的唯一解释的情况下去验证另一种理论。

身份——疾病如何定义了我们？我们希望别人如何看待我们？

有一种可能是，孩子只能看到患病的自己。他们可能害怕接受另一种理论，因为这意味着他们要面对没有疾病的自己。有时这是因为他们害怕长大，害怕承担更多责任。也可能是因为他们想要患病带来的相关（次要）结果，比如从你、其他照顾者、学校和专业医疗人士那里得到更多关注。虽说这种关注是消极的反应，但也能被孩子视为收获。孩子所感知的疾病有时可以成为他们身份的标签，比如，相比于"我是安德鲁"，他们可能会说"我是安德鲁，我有癌症"。有的时候，孩子和其他人都对 A 理论投入了大量的时间，由于担心别人的闲言碎语，所以不愿意承认 B 理论。这助长了羞愧和内疚等主要情绪。此外，孩子可能发展出某些行为定式，让他们符合疾病的定义。在这种情况下，一个有用的问题是："健康是什么样子的？"你们可以用一些工具将这个问题可视化，比如拼贴画、图片集、短语、图像、动画和"让你做自己"的梦想！你可以在纸上完成，也可以将它们收集在电脑或手机上的文件夹中。这可以帮助孩子在考虑 B 理论时建立一个自己的模型。

一旦孩子建立了关于自己的图景，你就需要开始尝试描绘出这个人可能会对健康的担忧做出什么样的反应。下一步是开始练习这些反应——你始终都要去衡量可能的结果可能是什么，以及实际的结果是什么。孩子或你，应该把结果记在笔记本上（笔记本非常有用，可以记录你所做的工作、关键的"顿悟"时刻、学习的参考、意义和完成的任务）。

STOPP

想象一下孩子要怎样开始重新解读身体的感觉。有一种叫作 STOPP 的方法可能会帮助到你们。STOPP 包括一系列的问题，当你识别出与身体感觉或感受相关的负面想法时，这些问题可以帮助你停下来。这种技巧要求你考虑你对身体问题的思考方式是否有帮助？是否可以用另一种方式思考你的感觉或感受？你能否从更广阔的视角或是结合整体背景去看待你现在的想法和感觉？这个方法可以帮你把注意力从现在这一时刻转移，让你从更长远的角度看待问题。网站上有一些你可以使用的有用工具，尤其是 STOPP 法。

小　结

本章提供了许多有用的提示和建议，可用于处理孩子可能遇到的其他焦虑和困难。重要的是让孩子相信，看待问题的方式不止一种。我们看待某种情况的方式将改变我们对它的感觉和行为。记住，你和孩子的兄弟姐妹以及同龄人是孩子在这方面的榜样，孩子一直在努力捕捉微妙的信号，以加强他们的信念。第11章有一个有用的等式，可以表明我们通常都高估了威胁程度，而低估了我们的应对能力。你可以和孩子一起，在预估威胁程度和孩子能应对的程度之间寻找一个平衡点，这可能是一个有效的策略。

参考文献及扩展阅读

American Psychiatric Association (2013) Diagnostic and Statistical Manual of Mental Disorders (5th Edition): *DSM-V* Washington, DC: American Psychiatric Association.

Gilbert, P. (2010) 'An introduction to compassion focused therapy in cognitive behaviour therapy', *International Journal of Cognitive Therapy*.

Rutter, M. and Taylor, E. (2006) *Child and Adolescent Psychiatry* (4th edition). Oxford: Blackwell.

Salkovskis, P.M. and Warwick, H.M. (1986) 'Morbid preoccupations, health anxiety and reassurance: a cognitive-behavioral approach to hypochondriasis', *Behav Res Ther*, 24, pp.597–602.

World Health Organization (2018) *International Classification of Diseases for Mortality and Morbidity Statistics* (11th Revision). Available at: <icd.who.int/browse11/l-m/en>

第 11 章

如何摆脱不必要的惊恐？

斯科特·伦恩，社会工作者、认知行为
治疗师和 EDMR 治疗师
安·考克斯，注册心理健康护士
和认知行为治疗师

本章探讨了关于惊恐的焦虑。惊恐的思维方式与其他的焦虑不同。本章会讨论这些差异。在本章中，我们将跟随阿比盖尔遇到的困难，帮助你理解惊恐的表现形式及应对惊恐的方法。本章提供了一些策略，你可以和孩子一起运用这些策略来克服惊恐症状。

恐 慌

阿比盖尔

"我感觉我要心脏病发作了!"

阿比盖尔今年14岁,她收到了学校通知,说她接触了新冠肺炎病毒感染者,所以需要自我隔离14天。阿比盖尔开始喘粗气,紧紧抓住自己的胸口。她担忧地看着父母,想知道发生了什么事。阿比盖尔开始哭了,她的父母安慰了她,告诉她会没事的,让她深呼吸,试着放松下来。

在隔离期间,阿比盖尔非常清楚自己的身体状况,也很了解所有新冠肺炎的潜在症状。某一次,她开始想如果她真的感染了新冠肺炎病毒会发生什么。她身体的感觉开始加剧,呼吸开始变得急促,手感到湿冷,心跳加快,她又一次捂着胸口,这一次她认为自己是心脏病发作了。阿比盖尔害怕摔倒,所以坐了下来。她的父母很担心,因为这是他们第二次看到她这样了。他们决定让一位健康专家给她做检查,医生认为阿比盖尔可能是惊恐发作了。

让我们从头开始

我惊恐发作了……事实真的是这样吗？让我们来看看"恐慌"到底是什么意思。在互联网上快速搜索一下，你会发现以下短语（Dictionary.com，2020）：

惊恐

名词：
- 突如其来的无法控制的恐惧或焦虑，常常引起不假思索的疯狂行为。
- 突如其来的压倒性恐惧，通常都会在一群人或动物中迅速蔓延，无论有无原因，都会造成歇斯底里或不理智的行为。
- 这种恐惧的一个实例、爆发或时期。

形容词：
- 具有惊恐的性质，由惊恐引起，或暗示了惊恐。例：一波恐慌性购买震撼了股票市场。
- （恐惧、恐怖等）突然失去控制，促使人们采取一些疯狂的行动。

在拉丁语中，"panic"的意思是"恐怖"！那什么会引发这种感觉呢？

我们会从两个部分讲这个问题。上面的例子中，阿比盖尔最开始有这种感觉是因为收到学校的信，第二次是因为她开始思考如果她真的感染了新冠肺炎病毒,她和家人可能会发生什么。这些都是理性的触发因素,也是完全合理的,阿比盖尔因此有了更多焦虑的症状,这也是很正常的。然而,阿比盖尔接下来将自己的这些症状解读为更大的灾难性事件,比如,她要心脏病发作了,这就说明她所经历的是惊恐发作。儿童和青少年有时会误解自己的这些感受,认为他们得了脑瘤,或者认为他们会晕倒或呕吐。

第二个触发因素可能基于非理性的想法或画面:

> 阿比盖尔注意到自己的手感到湿冷,立刻联想到前一周自己心脏病发作的可怕画面。这让她的身体出现了更多的焦虑症状,而阿比盖尔再次将这些症状误读为她的心脏很脆弱,她的心脏病发作了。阿比盖尔立即寻求父母的帮助,并再次坐下来,以防自己摔倒。

2003年对急诊室儿童就诊情况进行的一项研究表明,急诊室12%的病人符合惊恐障碍的诊断标准。近三分之二的惊恐障碍患者在某种程度上会寻求医疗建议。

那么,如果这种情况发生,你是会紧急呼叫救护车,还是会寻求非紧急的医疗建议?做出这个决定很难,因为我们都希望谨慎行事,怕那些"万一"的情况出现。我知道,我自己也这样做过。但是这是一个学习曲线。你正在读这本书,这就表明你已经在思考你可以做些什么来改善这种情况。

下面是一个非常简单的等式，我在临床实践中使用了很多年：

$$焦虑 = \frac{对威胁程度的高估 \quad \rightarrow \quad （误读身体症状/小题大做）}{对应对能力的低估 \quad \leftarrow \quad （寻求安慰的安全行为）}$$

在理解焦虑障碍时，主要的认知行为治疗师、作家、学者和治疗师，如帕德斯基（Padesky, 2020）都会引用这一公式。你可以想象一下，分子（对威胁程度的高估）越大，焦虑程度越大，分子就是我们在面对情况或图像做出反应时的思考和行为方式。在阿比盖尔的案例中，她担心这些身体上的感觉一定意味着不好的事情将要发生。威胁模式在这时被开启。分母（对应对能力的低估）加强了这一点。分母是阿比盖尔的信念，她的学习行为，即她认为她无法控制这些症状，因为这些症状与她无法控制的东西有关。她开始回避这些情景并制定短期策略（安全行为）。

使用这个等式和图 11.1 所示的图表的好处是，你可以使用它们（把它们钉在随时可见的某个地方，比如冰箱门上或者橱柜门里）来开始分解你正在做的或者说的东西。图 11.1 上部分的两个循环与高估威胁程度有关，而下面两个循环则强化了低估应对能力这一点。

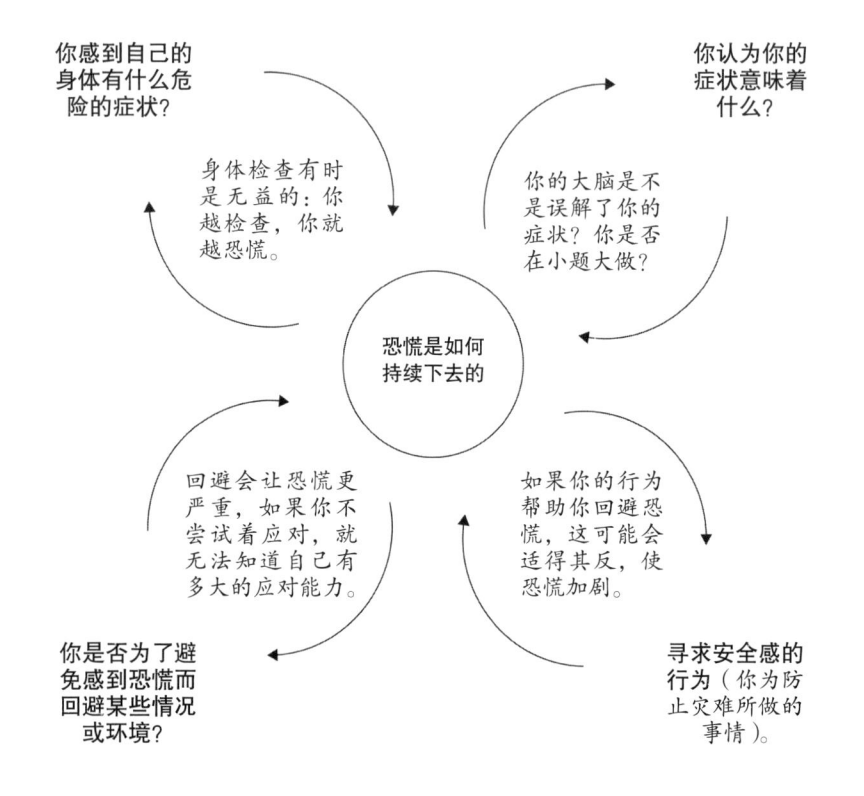

```
        你感到自己的                          你认为你的
        身体有什么危                          症状意味着
        险的症状?                             什么?

          身体检查有时              你的大脑是不
          是无益的:你              是误解了你的
          越检查,你就              症状?你是否
          越恐慌。                  在小题大做?

                        ┌─────────┐
                        │ 恐慌是如何 │
                        │ 持续下去的 │
                        └─────────┘

          回避会让恐慌更            如果你的行为
          严重,如果你不            帮助你回避恐
          尝试着应对,就            慌,这可能会
          无法知道自己有            适得其反,使
          多大的应对能力。          恐慌加剧。

        你是否为了避                          寻求安全感的
        免感到恐慌而                          行为(你为防
        回避某些情况                          止灾难所做的
        或环境?                              事情)。
```

图 11.1　是什么阻止了恐慌情绪好转

你的目标是与孩子一起努力,让这些箭头换一个方向,这可以通过以下方式实现:

- 认识焦虑和焦虑所带来的生理影响。
- 认识到可能有其他解释。
- 认识到你可以控制焦虑,且焦虑会在一段时间后消失,通常大约40分钟(见第1章)。

- 认识到每次你使用临时解决方案时（可能是寻求安慰或者深呼吸），虽然可能在短期内有用，但长远来看并不总是如此。
- 认识到你所使用的语言会影响你的思维方式。
- 在实际经验中认识到，你可以应对焦虑，从而减少不安的想法。

语言

我们在家庭中的沟通方式是非常重要的，这不仅体现在我们建立关系和交流互动的方式上，也体现在我们使用的语言上。我们使用语言来传达语意、建立规则和我们喜欢的做事方式。语言帮助我们在家庭中发展价值观和信仰。我们用来描述诸如焦虑、担忧，以及如何处理这些事情的语言，往往与我们彼此之间的相处方式息息相关。每个家庭都有不同的语言风格（沟通和行为的方式）。想一想这一点，也想一想你所处的情况。

你使用的语言会影响你解释所发生的事情的方式。人们常常发现自己陷入思维陷阱，或者思维错误。这是一些强化消极意义的陈述或词语。例如，"坏事要发生了"（灾难性思维），"这种事总是会发生"（泛化思维）和"我当时应该这么做的"（自我评判）。这是很明显的思维陷阱或错误，因为坏事并不总是发生，责任也并不总是落在一个人身上。

同情心

我们知道"panic"在拉丁语中的意思是"恐怖",所以请记住,惊恐的经历是非常可怕的。回到本章开头对恐慌的定义,如果我们陷入非理性思维的循环,我们可能无法清楚地分辨什么是真实的,什么不是真实的。不要低估这有多么可怕……

威胁系统

就惊恐而言,孩子由于对身体症状的误解,认为有坏事要发生,并认为他们无法应对或管理这些症状。他们进化的自我保护系统(如第 1 章所述的战斗或逃跑系统)正在向身体各处发送信号,以应对这种感知到的威胁。血液在他们体内加速流动,他们试图通过加快呼吸来增加氧气的摄入量,血液从一些器官(胃、肠等)被输送走,以便在身体需要奔跑或战斗时可以被输送到可能需要的肌肉中。孩子的身体在提防危险的出现时,可能会有针刺感,会手掌出汗。

所有这些症状都是正常的,但有时当血液从胃部被输送走时,孩子可能会感到恶心;如果孩子开始呼吸加快、过度换气,他们的身体会吸收更多的二氧化碳进入血液,从而加剧症状,这又会引起恶心、头晕和针刺的感觉。如果孩子把这些症状解读为战斗或逃跑反应,而不是把它们小题大做地视为心脏病发作或失控,那么就可以防止孩子陷入思维陷阱和错误,不让孩子对症状的原因产生非理性的想法。

安全行为

第1章中也讨论了安全行为。在阿比盖尔的案例中,她捂住胸口、坐下来和被安慰都是安全行为。有时这些策略是有帮助的,但如果阿比盖尔知道她使用安全行为也于事无补,那就有可能加强她对可能发生坏事的恐惧。安全行为会妨碍我们学习如何应对恐慌。家庭成员有时也是孩子安全行为的一部分,因为孩子指望你们帮助他减轻痛苦。我们要寻求一个微妙的平衡,就像对待不睡觉的孩子一样。我们必须态度坚定,建立一个常规模式,增强孩子的信念,就算他们不使用那些与我们相关的安全行为,他们也能睡觉。用类似的策略应对恐慌。

与其他类型焦虑的相似性

"惊恐"这个词通常用来形容一个人正在经历急性焦虑症状。所有焦虑症的症状在很多时候都会有相同的表现。惊恐与健康焦虑非常相似,例如,如果某人担心自己患有脑瘤,他可能会出现强烈的症状,而特定呕吐恐惧症患者在认为自己要呕吐时,也会出现强烈的症状。这两种情况下的恐惧不是惊恐,但孩子经历的症状表现与惊恐类似。不要担心给孩子贴上"错误"的障碍标签!在这些情况下,原则都是一样的:虽然我们理解方式略有不同,但总的来说,除了减少安全行为之外,用"暴露"作为主要治疗手段。重新调整孩子的思想(改变消极的认知、思维陷阱和错误),建立积极的自我应对模式也同样重要。这会带来很强大的力量,对所有人来说,直面恐惧和挑战自己的信念都需要很大的勇气。

应对惊恐的策略

应对惊恐的策略有许多。第1章为你和孩子提供了一些什么是焦虑的背景信息。第1章还描述了阶梯暴露法的基本原理,这种方法被以不同的形式用来治疗所有与焦虑有关的困难。了解"上升"(战斗或逃跑/交感)和"下降"(休息和消化/副交感)神经系统,以及它们是如何在我们体内运作的,对于所有的焦虑障碍都是至关重要的。

惊恐发作的人可能真的会晕倒。我们在第1章中看到,"上升"(战斗或逃跑/交感)神经系统会增加血压,因此,任何人都不太可能因惊恐或任何其他形式的焦虑而晕倒(晕血症除外,因为其作用方式略有不同)。然而,如果孩子换气过度,也就是孩子呼吸很快,又没有充分地呼吸,那么血液中的氧气量就会减少,孩子可能因此而晕倒。

下面我们提供了一些可以用来应对惊恐的策略,也可以用于所有的焦虑症。定期完成这些内容,每天一次以上,将会降低孩子的焦虑程度,帮助他们(和你)更经常、更容易地放松。你使用这些策略越多,你就会感到越放松。你和孩子可以一起完成这些策略,帮助你们改善彼此之间的联系,多一些温馨的亲子时光。

正念

正念练习帮助我们在当下、此时此刻保持正念。这听起来很容易，但它需要反复进行。例如，你现在在想什么？捕捉这个想法。这个想法刚刚把你带离了此时此地。掌握当下是一项相当重要的技能。正念的目的是帮助孩子专注于此时此刻，而不是关注过去或未来。有越来越多的证据证明，正念可以帮助儿童调节情绪和情感，并有助于建立恢复力（Iacona and Johnson, 2018）。你可以使用许多免费的应用程序来进行正念练习，或者可以在互联网上搜索有关正念的文本。在下面这个正念例子中，用到的物品是葡萄干（你可以使用任何类似的东西）。

正念练习

首先，和孩子待在一个安静、舒适的空间，然后一起慢慢地深呼吸（有些人发现闭着眼睛深呼吸时效果最好）。你和孩子把葡萄干放在嘴里。花一些时间专注于葡萄干的质地、味道，它在你口中的软硬程度，它在你的舌头上是如何平衡的，以及它在舌头上的重量如何。你和孩子的脑海中会流淌出一连串的想法。你们可以承认这些想法的存在，但你们要让这些想法过去，不去关注它们。你和孩子需要重新专注于葡萄干，将你们的思想集中在此时此地，让这些想法过去。花时间专注于你的呼吸如何流过葡萄干，吸气和呼气，保持节奏，吸气和呼气。下次你呼吸的时候，顺着呼吸轻轻地到达胸口，将注意力集中在呼吸上，看看它是如何使你的胸部上升和下降的。保持思想在当下，专注于呼吸，专注于吸气和呼气。感受呼吸流经肺部的全长和深度。感受你的肺吸气，并通过你的嘴或鼻子把气呼出来，吸气和呼气。承认任何进入你头脑的想法，但让这些想法过去。把注意力集中在呼吸上，感受你的胸膛上下起伏，想想你胸膛上方是什么感觉，想象一下你的呼吸是如何从肺里向上，然后从嘴巴里出来，经过甜美而有质感的葡萄干。吸气，呼气。感受葡萄干在你嘴里的感觉、它的质地，以及它是如何放置在你的舌头上的。保持呼吸，吸气，呼气。

慢慢地深呼吸，开始感觉气流从你和孩子的胸膛离开，来到你们的嘴，然后呼出。慢慢地，开始睁开你们的双眼，意识到你们一起回到了房间里，但仍然感觉着胸膛的起伏。看看你周围的房间，然后你们就可以集中精力做其他的事情了。

正念的棘手之处在于，你要允许那些并非此时此地的想法流过你的大脑而不去关注它们。因为我们的注意力很容易分散，所以要把注意力集中在此时此地是很困难的。但正念很容易练习——你可以在任何地方进行正念练习。

冥想和渐进式肌肉放松

放松和冥想是世界各地都在使用的长期策略。作为人类，我们总是在日常生活的压力中追求幸福、寻找平衡。冥想类似于正念，做冥想的人更能意识到自己的身体，以及身体上正在发生的事情。冥想和正念二者的主要区别是，冥想的传统通常根植于宗教和灵性（Keating, 2017）。冥想和正念的用法类似，两者都专注于精神健康。

渐进式肌肉放松

渐进式肌肉放松可以帮助孩子以渐进的方式专注于身体的不同部位，辅助身体和肌肉放松。躺在地板上做这种放松运动会更有效，但不一定非要躺着，坐着也可以。

从脚趾和脚掌开始，先让孩子尽可能地蜷缩脚趾和脚掌，保持10秒钟，然后放松。接下来，来到脚踝：让孩子将他的脚趾朝上，向头部移动到最大限度，尽量感受脚的顶部和脚踝的压力。保持10秒钟，然后放松。

让孩子系统地由下到上锻炼身体的肌肉群。接下来，将脚趾指向地面方向，感受小腿后部的拉力，保持10秒钟，然后放松。

下一块肌肉是腿的上部。让孩子抬高腿至离开地板，然后弯曲膝盖向下，腿呈现上下颠倒的"V"字

形,移动腿给臀部压力,然后是腹部,然后是手,接着伸出手指攥拳。

让孩子弯曲手臂,做出侧面的"V"形,或者把绷紧的手臂伸直,握紧拳头,然后向内转动手臂。用肩膀辅助胸部肌肉向内,收紧胸部,然后挺胸。

最后,让他们挤压或皱紧脸上的所有肌肉。所有的挤压和紧张感都要保持10秒钟,然后放松。

如果孩子希望延长这种放松感,他们可以再逐步从上到下放松身体,有系统地收紧肌肉群,直到回到脚。在任何地方都能做渐进式肌肉放松法。它可以帮助你专注于自己,减少分心的事情。

专门针对惊恐的策略

过度换气激发试验

正如我们所知,为了减少焦虑,我们可以使用暴露阶梯这一策略来面对恐惧,并最终减少焦虑的发生。在应对惊恐时,暴露阶梯需要复制惊恐时可能出现的一些感觉。有一个简单的策略叫作"过度换气激发试验"(Meuret, et al., 2005)。通俗地说,就是让自己过度呼吸。通过这样做,我们可以复制在战斗或逃跑反应中发生的症状。故意过度换气将导致许多与战斗或逃跑反应相同的症状。如果能够证明你可以复现战斗或逃跑反应类似的症状，那么就表明你可以在一定程度上控制你的身体。同样有助于证明这一点的是，你也可以复现"下降"（休息和消化/副交感）神经系统的症状。

让孩子看到你通过控制呼吸可以减轻症状，非常有助于他们理解如何帮助身体减少焦虑。同样，这也是你们可以一起做的事情（请确保你已经阅读第1章的信息，以便你能识别清楚战斗或逃跑反应的症状以及孩子的惊恐症状）。

过度换气激发

首先确保你所处的环境是安全的，你不会被绊倒或者跌倒。请注意，过度换气会让你感到头晕，如果遇到这种情况，请停止这种策略——如果你需要的话，可以在身后放一把椅子，方便你坐下。你可以在任何你希望的时间点停止测试，甚至在做这个呼吸测试20秒后，你和孩子都开始感觉到症状的时候也可以停止。值得注意的是，在我20年的实践中，从来没有一个孩子或父母晕倒过！为了达到最好的效果，你们最好站着，如果坐着，症状也会出现，但可能症状不会那么多或者有那么大影响。

现在用力吸气和呼气，坚持大约2~3分钟，虽然对我来说坚持2分钟都很难。你应该一秒钟大约呼吸两次。这个频率很快。一旦你快速吸气和呼气，你将

> 很快开始感觉到症状；一旦你感觉到症状，就大声说出这些症状的名字。（"口干""刺痛""头晕""胸口发闷""腿发抖"可能都是症状，但每个人的症状都不一样，看看你自己是哪种情况是很有意思的）。当你已经达到你所能达到的最大程度时，停止过度换气。呼吸要慢一些、深一些，然后大声说你的症状是如何变好的。当你停止过度换气时，你的症状会迅速减少。这表明你用放慢呼吸的方式帮助激活"下降"（休息和消化/副交感）神经系统，正因为如此，你的症状会迅速减轻。

模仿惊恐的其他症状

其他可以模仿惊恐的策略是快速上下楼梯（Hackman, 2004）。感受这样做会产生的症状，然后感受症状是如何迅速减轻的，这会有所帮助，还能帮助孩子理解症状是可以在短时间内减轻的。在椅子上旋转（轮椅）（Hoffman, 1999）可以提供类似的体验。在模仿惊恐的症状、测试身体如何克服这些症状时，你可以想想有创意的方法。当孩子尝试这些方法的时候，请确保周围的环境是安全的。

使用思想记录

思想记录是一种系统的方式，让孩子思考他们的想法与某种情况之间的关系。他们可以权衡支持和反对这一想法的证据，其目的是让孩子在经历这一过程后得出一个更合理的想法。接下来我们看看阿比盖尔的思想记录的例子：

	感受	感受强烈程度评分 100%为最高	支持这一想法的证据	反对这一想法的证据	权衡证据后的感受强烈程度评分	更理性的想法
阿比盖尔变得非常焦虑，认为她会心脏病发作。	焦虑 恐惧 害怕 担忧	70% 100% 80% 70%	1）我的身体感觉很糟糕，我有很多焦虑的症状，感觉我真的要心脏病发作了。	1）我身体健康。2）一个14岁的孩子不太可能心脏病发作。3）我以前也有过这样的感觉，但我没有心脏病发作过。4）焦虑症状会使你感觉很差。	焦虑40% 恐惧70% 害怕30% 担忧25%	当我感到焦虑时，我可能会陷入思维陷阱。焦虑会试图欺骗你，你不应该总是相信它。

图 11.2　思想记录的例子

使用思想记录真的很有帮助，因为它可以帮助孩子更客观地思考情况。重要的是，证据部分必须都是事实，不要包含观点。无论如何，反对焦虑想法的证据都应该更丰富，这样也能展示得更直观。为了进一步说明两方的差异，可以给你所使用的证据片断进行编号。一旦孩子习惯了使用思想记录，他们就可以在心里完成这一过程。这是一个非常有用的工具，在日常生活中我会使用它来找到看待问题的新角度。

小　结

本章探讨了有关惊恐的内容，其中提供了一些策略，可以用来减少一般性的惊恐症状，也可用来针对特定的惊恐感觉。对于正在与惊恐搏斗的孩子来说，惊恐可能是非常可怕的事情，但是——就像所有其他焦虑障碍一样——惊恐是绝对可以治疗的。

参考文献及扩展阅读

Beck, A. (1976) *Cognitive Therapy and Emotional Disorders.* New York: Meridian

Dictionary.com (2020) Definition of panic: <www.dictionary.com/browse/panic> (accessed 1 February 2021).

Hackman, A. (2004) 'Chapter 3: Panic and agoraphobia', In: Bennett-Levy, J. et al.(2004) (eds.) *The Oxford Guide to Behavioural Experiments in Cognitive Therapy.* Oxford: Oxford University Press.

Hoffman, S.G. (1999) 'The value of psychophysiological data for cognitive behavioral treatment of panic disorder', *Cognitive and Behavioral Practice,* 6(3), pp.244–248.

Iacona, J. and Johnson, S. (2018) 'Neurobiology of trauma and mindfulness for children', *Journal of Trauma nursing,* 25(3), pp.187–191.

Keating, N. (2017) 'How children describe the fruits of meditation', *Religions,* 8(12), p.261.

Meuret, A.E., Ritz, T., Wilhelm, F.H. and Roth, W.T. (2005) 'Voluntary hyperventilation in the treatment of panic disorder—functions of hyperventilation, their implications for breathing training, and recommendations for standardization', *Clinical Psychology Review*, 25, pp. 285–306.

WHO (2011) F41.0 Panic disorder [episodic paroxysmal anxiety]. [Online]. Available at <icd.who.int/browse10/2010/en#/F40-F48> (accessed: 25 June 2020).

Padesky, Christine (2020) *Understanding Anxiety and the Anxiety Equation (Padesky Clinical Tip) – Part I* Available at: <www.youtube.com/watch? app=desktop&v=jw0ivpUQ43U>

Psychology Tools. *Panic attacks and panic disorder* <www.psychologytools.com/self-help/panic-attacks-and-panic-disorder/>

Zane, R. et al. (2003) 'Panic disorder and emergency services utilization', *Academic Emergency Medicine*, 10(10): <www.aemj.org>

第 12 章

如何排解坏事发生时的不良情绪？

丽莎·戴尔，认知行为治疗师和 EMDR 治疗师

当创伤性事件发生时，作为父母，你不仅自己可能会感到痛苦，还需要协助孩子解决他们的困难。这对所有人来说都很有挑战性。你的支持、安慰和指导可以让孩子感到安全可靠。本章将帮助你确定什么是创伤性事件、孩子对这些令人不安的事件会有怎样的反应，并帮助你了解如何在照顾自己的同时支持孩子。

什么是创伤性事件?

生活中可能会发生很多不同的事件,有时是可怕的事件,比如目睹恐怖袭击或自然灾害,以及经历或目睹犯罪。有时,一次性事件可能会让孩子经历创伤(这些通常被称为"单一事件创伤"),如发生在学校的欺凌事件。儿童和青少年也可能经历更持久和更长期的创伤,比如经受长期的虐待(性虐待和身体虐待)、长期被忽视、目睹长期的家庭暴力、患上威胁生命的疾病和忍受长期欺凌。

经历创伤性事件的青少年可能会感觉到他们的生命受到了威胁或重大伤害。值得注意的是,并非所有经历过创伤的儿童都会发展成创伤后应激障碍(PTSD)。

理解创伤性记忆

在理解创伤性记忆时,我们可以试着把头脑想象成工厂里的一条生产线。生产线的一个重要作用就是处理发生的事件,使其成为记忆。大多数事件都很小,处理起来很容易,但当创伤发生时,生产线发现这个事件太大、太难处理了。由于这个事件没有被处理,它仍然留在我们的脑海中(留在我们现在的记忆中),因此我们可能感觉这是当前的问题,并且大脑会一直提醒我们这个问题的存在。这可能意味着孩子会经历侵入性思维和画面,给他们造成重大困扰。有时,孩子可能会因为害怕创伤性事件再次发生而回避某些地方或某些情景，这导致处理不足的问题更加严重。

创伤是如何影响儿童的

儿童和青少年经历创伤的方式是独特的、个人化的。有些人在事件发生后会立即出现症状，有些人在几个月后才会出现症状，有些人则根本不会出现症状。

> **莎拉**
>
> 莎拉经历了2017年5月的曼彻斯特体育场爆炸案。她当时正在和妈妈还有一个朋友参加演唱会。莎拉听到一声巨响，脚下的地板开始晃动，那时她还在大厅里。她记得自己听到了尖叫声，大家开始向她冲过来。有那么几秒钟的时间，她看不见妈妈的踪影了。在这次事件中，莎拉没有受到身体伤害，但是经历了很多侵入性思维和画面。从那时起，她就失眠了。
>
> 在这一事件发生之前，莎拉很热爱跳舞，还会定期表演。她在学校上学，而且在学校很受欢迎。然而，自从这一事件发生后，她很难与一大群人相处，而且害怕离开她的母亲。上学时，她感到一阵恐慌，心跳加速，呼吸困难。莎拉发现她的思绪无法控制。她开始一遍遍地回想起那件事。她记得在那次活动

中，她面前有一个小女孩，那个小女孩一直在莎拉的脑海里盘旋，莎拉想知道那天晚上小女孩发生了什么。莎拉在定期重温这一事件。当她在学校听到汽车回火，或听到薯片包装袋爆炸的声音后，她都会想起这件事。她的感官因此被点燃，她坚信自己能闻到炸弹的烟味。她害怕入睡，因为她害怕自己会梦到这个创伤性事件。她和朋友谈论这个问题，但她的朋友没有经历同样的症状。

创伤性事件后的焦虑

经历创伤性事件后最常见的反应往往是焦虑。焦虑有各种表现形式，包括身体症状：胃痛、感觉很热、发抖、呼吸困难、上厕所次数变多或感觉头晕。这些身体症状是由身体的应激反应引起的。当我们经历应激反应时，身体会产生更多的皮质醇和肾上腺素。这是身体准备对威胁做出反应的方式，这被称为战斗或逃跑反应（更多信息见第1章）。

莎拉回忆说："一开始我没有注意到自己的症状，这很奇怪，几周后我开始感到胃疼、心跳加速、身体很不舒服。我不敢离开家，因为我觉得我会呕吐。"

睡眠

睡眠也可能受到焦虑感的影响。因为孩子在经历侵入性思维和画面,他们可能难以入睡。你可能会发现你自己的睡眠也被打乱了,因为孩子会被噩梦惊醒,可能很难再入睡。

回避

侵入性思维、画面和身体感觉会自然而然地使孩子觉得想要回避任何与创伤有关联的东西。

孩子可能会表现出各种回避行为,包括:

- 回避与你或他的朋友谈论所发生的事情,因为他们可能感到尴尬,认为自己有问题。青少年往往会感到与周围的朋友很疏离,他们觉得朋友不理解他们。
- 回避去那些让人想起创伤性事件的地方。
- 回避观看可能触发创伤的电视节目或歌曲。例如,如果孩子目睹了家庭暴力,他们可能会因为看到电影中的血而感到痛苦。

莎拉的故事体现了回避的循环:当莎拉去上舞蹈课时,她感到焦虑,焦虑程度为9(10是最高程度焦虑),所以她不再去上舞蹈课,她的焦虑程度下降了3。虽然这似乎在短期内减少了焦虑,但从长远来看可能会出现问题,因为莎拉的生活变得更有局限性,她开始感觉更糟。

重温和闪回

孩子可能会经历生动的闪回（可能是事件部分或全部画面），这可能会让孩子感觉到创伤正在重新发生。这种情况可能在白天、夜晚的任何时候发生，通常会让孩子感到非常痛苦。感官通常由气味激活，但声音、视觉提醒、质地和味道都可以触发重温体验。这可能导致孩子体验到他们在创伤期间的情绪。

闪回可能受某些地方的影响被触发，也可能随机发生。有时闪回可以持续几秒钟，有时可以持续几个小时。

维多利亚

维多利亚在5岁时遭到了祖父的性虐待。当她闻到烟草和啤酒的味道时，就会有闪回的感觉。她的妈妈最近开始了一段新的恋情，当妈妈的新伴侣出现时，维多利亚变得越来越痛苦，因为这个人抽烟，而且偶尔会喝啤酒。维多利亚开始做噩梦，尤其是在与妈妈的这位新伴侣接触后。

噩梦

与创伤性事件相关的噩梦可能非常强烈，使人难以分清梦境与现实。这可能对孩子的睡眠产生巨大影响，而且孩子可能在就寝期间不愿与你分开。

其他需要注意的迹象

这些症状有些可能看起来很明显，有些则不那么明显。例如，在莎拉的案例中，她最担心的事情是再参加演唱会，因为她担心类似事件会再次发生。然而，她可能还会出现一些不太明显的症状，比如因为害怕尴尬而不和朋友见面或说话。

这些触发因素会产生强烈的焦虑反应，并对孩子的日常生活造成很大影响。

情绪和行为的变化

你可能会注意到孩子的情绪和行为发生变化。孩子可能感到烦躁、愤怒，变得更加叛逆；也可能感到悲伤和不安，或者看起来与自己的情绪脱节。你可能注意到孩子对他们曾经喜欢的活动失去了兴趣。孩子可能在学校难以集中注意力，或者正在自我孤立。

要注意，其中一些症状往往可能被解释为抑郁症，如果没有正确地评估这些症状，可能导致错误的诊断和治疗。

"前一分钟我还想和朋友们一起出去玩，下一分钟我就受不了了，要回到卧室里哭泣。我发现自己很难享受以前习惯做的'正常'的事情。"

青少年的创伤可能与成年人的创伤类似。然而，年幼儿童的创伤可能会非常不同，孩子们可能会像小时候那样玩玩具，可能是想通过富有想象力的游戏来重现该事件。

压制创伤

孩子可能会回避任何让自己想起创伤的事情。他们可能不记得事件发生的细节，或只记得部分内容，这很常见。有些孩子可能会患上解离症，他们感到身体麻木，与自己的情感隔绝。他们可能难以表达感情。

毒品或酒精也是年轻人和青少年应对和压制创伤的常见手段。

自残和自杀的想法

你的孩子可能开始有伤害自己的冲动或有自杀的想法。如果是这种情况，请向医生或学校寻求支持，以便向儿童心理健康支持团队进行适当的转诊。

创伤后应激障碍（PTSD）

创伤后应激障碍是一种公认的创伤形式，可被诊断为一种精神疾病。为了使孩子得到准确的诊断，需要满足一些临床标准。儿童和青少年心理健康服务中心（CAMHS）会根据这些临床标准进行评估。NICE（英国国家健康与临床卓越研究所）

指南中强调的创伤后应激障碍的推荐治疗方法是以创伤为中心的认知行为疗法。这种疗法可以帮助孩子把思维影响感觉的方式，以及最终的行为联系起来。治疗包括评估——弄清是什么使问题持续存在，以及关于创伤后应激障碍的教育（以便年轻人和家庭成员知道创伤后应激障碍是对创伤的正常反应）。作为治疗的重要组成部分，我们鼓励青少年详细地谈论或写下所经历的创伤，这样他们就能理解发生了什么，然后更新自己的记忆。还要帮助青少年以更可控的方式去面对那些让人可能联想到创伤的情况，让他们的生活变得不那么受限制。

眼动脱敏与再处理（EMDR）

NICE 指南中推荐了眼动脱敏与再处理技术。EMDR 包括评估创伤背景、提供有关创伤和如何处理创伤的教育，以及一系列帮助应对创伤症状的策略。在眼动脱敏与再处理中，眼球做双侧或双边动作，基本上是左、右、左、右，而孩子在这一过程中将回忆起创伤事件。双侧运动（左、右、左、右）的目的是模仿人们睡觉时大脑处理记忆和经历的方式。当你睡着的时候，你会经历一个叫作快速眼动（REM）睡眠的过程，眼睛会在你睡着的时候快速地从一边移动到另一边，据说这个过程会处理一天中发生的所有事情。当创伤发生时，快速眼动睡眠并不总是能够处理创伤，因为创伤承载的情绪太沉重，快速眼动睡眠无法应对。眼动脱敏与再处理试图以类似快速眼动睡眠的方式处理创伤，当你醒着的时候，则是通过使用双侧刺激（左、右、左、右）的方式。对于幼儿来说，处理创伤通常是通过讲有关创伤的故事或者做游戏来完成的，而照顾者则使用双侧动作，例如轻拍孩子的肩膀（Shapiro, 2020）。EMDR 和认知行为疗法是被循症依据推荐用来治疗创伤后应激障碍的方法。循证疗法在科学文献中被证明是最有效的疗法。

我们已经讨论了不同类型的创伤以及需要注意的问题，现在我们可以看看一些有用的策略，可以用于在孩子接受 CAMHS 干预治疗前帮助他们。

帮助孩子度过创伤性事件的策略

所有的儿童和青少年在经历创伤性事件时都会以不同的方式应对。孩子的行为举止没有对错之分。有些人想要花更多的时间和其他人在一起，有些人更喜欢独处。重要的是让孩子知道，无论他们感受到什么样的情绪，都没有关系。有这些感觉很正常，不管这些感觉是内疚、愤怒、沮丧还是悲伤。

跟孩子聊聊

孩子可能会在事后向你寻求安慰。他们可能会问问题，想弄清到底发生了什么。你要保持冷静，给孩子时间，分享你对事件的回忆，对孩子诚实以待，并鼓励孩子问问题。

谈话有的时候会帮助到孩子，但有时候不会！不要给孩子施加压力，因为有时候这会让事情变得更糟。只需要让他们知道,当他们准备好了,你就会在那里倾听。

当他们确实想谈论这个事件的时候,不要担心说错话。只要让他们知道你在他们身边,你在乎他们就好。他们可能会想一遍又一遍地谈论这件事。这是处理创伤的一部分,可以帮助孩子理解发生了什么。孩子可能想知道为什么会发生这种情况,有时候这个"为什么"没有答案。不要要求孩子停止脑海中的过度思考。要认可孩子的情绪,这样孩子就会感到被倾听,而不是觉得因为自己有了某些感觉所以就得被批评。尽量避免讲类似"你不需要担心那个"这样的话,而是说"我知道这对你来说一定很难"。

帮助孩子体会到安全感,并适当地向他们传达感情是非常重要的。例如,如果对孩子来说拥抱或触摸很困难,那么给他一个鼓励的大拇指、微笑或拍拍他的背可以帮助提供安全感。

经历过创伤的孩子可能会觉得自己的未来受限,你可以和他们谈谈未来的计划,帮助他们减少这种感觉。

固定的生活日程

经历过各类创伤的孩子如果有固定的生活日程会感到更安全和更有保障。保持固定的就寝流程、正常上学和保持统一的家庭用餐时间都是帮助实现这一目标的重要方法。

分散注意力对孩子来说很有帮助,可以让他们从可能感到的担忧中"休息"一下。鼓励孩子玩游戏、做活动,可以让孩子感到生活在正常运转。

如果孩子经历过某一特定事件的创伤,那么尽量不要让他看到电视对该事件的报道。电视有时会对事件进行大肆渲染，使儿童再次受到创伤。

着陆技巧

平静的呼吸

使用着陆技巧对你和孩子都很有帮助。当我们感到焦虑时，呼吸会受到影响，感到难以控制。你可以鼓励孩子使用着陆技巧来帮助解决这个问题。帮助孩子吸气，数到四，然后呼气，再数到四。在 get self help 网站上可以找到一些很好的实操范例文本。

同情箱和安全场所

建立一个"同情箱"可以帮助孩子在闪回或感到不知所措时让情绪着陆。这一策略背后的理念是收集让孩子感到安全和有保障的物品，让他们回想起美好的时光。这些东西可以是家庭成员、宠物或朋友的照片，孩子最喜欢的气味，有助于"着陆"的物件（比如珍贵的石头），积极的应对声明，孩子最喜欢的书籍和音乐，等等。可以先从小件入手。孩子可能有一些他/她可以立即使用的物品，其他物品可以慢慢随着时间增加。孩子可以把这个袋子放在手边，在他们感到苦恼和不知所措的时候帮助他们。

如果孩子出现闪回，你可以提醒他们这已经是过去的记忆了。你可以跟孩子这样说："这件事已经过去了，这只是回忆。

我知道这件事让你感觉很难受,但现在它没有发生,它发生在过去。你现在和我在一起,你是安全的。"

关键是要不断提醒孩子,事件已经过去了。让孩子在日记中用过去时态写下闪回的想法可能会有帮助,这也有助于我们发现触发孩子创伤的模式和早期的警告信号。

让孩子在脑海中创建一个安全场所也会对孩子有所帮助。这是一种可视化的方法。这个场所可以是真实存在的地方,也可以是孩子想象出来的地方。请孩子想一个让他们感到安全的地方。让孩子画出这个地方,或写出它的细节,利用感官去提取细节会很有帮助。例如,如果孩子的安全场所是一片海滩,你可以问:"你在你的安全场所能看到什么?"孩子可能会回答:"平静的水面、蓝天、鸟儿和我周围的树木。""你能闻到什么?""我能闻到大海的盐味和糖果的甜味。""你在安全场所能尝到什么?""我最喜欢的饮料。""你在安全场所能触摸/感觉到什么?""我脚下柔软的海床,还有我脚趾上的沙子。"最后,"你能听到什么?""鸟儿的声音,还有轻柔的海浪拍打海滩的声音。"

五感

另一个很好的着陆技巧是在感到不知所措时"留意"自己的五种感官。例如,你可以让孩子在他们的手上画画。在每个手指上写上五种感官:我能看到什么?我能听到什么?我能尝到什么?我能闻到什么?我能触摸到什么?这是一种很灵活的策略,随时随地都可使用。

鼓励孩子专注于每个感官所能感受到的两到三种事物，把他们的注意力带回到房间，远离他们的担忧、闪回或侵入性思维。

无论你尝试何种着陆技巧，最好是让孩子在不焦虑的时候尝试练习。这样一来，他们会更有可能在感到焦虑的时候使用这些策略。你可以每天抽出一些时间，和孩子一起练习这些策略，并要求孩子在使用着陆技巧之前给自己的焦虑感打分，在使用后再打分。例如，在使用呼吸技术之前，他们可能感到 6 的焦虑（10 为焦虑程度最高），但在使用之后，他们焦虑程度可能仅为 2。

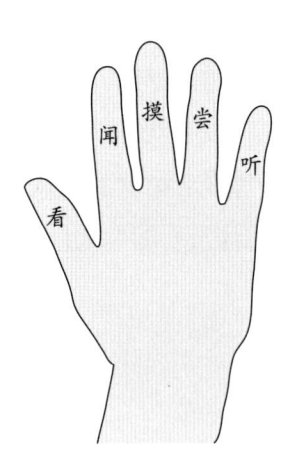

图 12.1　五感

学校可能注意到的情况

学校可以很好地提供本章前面提到的固定生活日常,然而,根据我的经验,学校可能在以下方面注意到孩子的行为变化:

- 在课堂上难以集中注意力
- 由于焦虑而离开教室
- 在人际关系方面存在困难
- 出勤率下降
- 冲动的行为
- 与权威对抗
- 愤怒爆发
- 回避某些课程
- 成绩下降
- 孤僻

如果孩子的学校能够理解这些行为与创伤有关,他们就很可能不会觉得孩子的行为是破坏性行为,而是采取支持孩子的策略,比如与孩子的父母和心理健康支持服务中心一起制定合适的策略,让孩子在需要的时候离开教室去一个安全的地方,或者在学校设置一个直接联系人,当孩子需要支持的时候，可以找他寻求帮助。学校可以在孩子的康复过程中扮演重要的角色。

父母也要照顾好自己

为了更好地照顾孩子，你需要照顾好自己。与朋友和家人分享你的忧虑；尽可能按照日常的习惯去照顾自己；锻炼身体，健康饮食，并尽量保持良好的睡眠习惯。如果你不这样做，就很难担负养育子女的责任。孩子从创伤中恢复可能需要时间。如果孩子即将开始治疗，那么请耐心等待，恢复是一段漫长的旅程。

试着阅读更多关于创伤和创伤后应激障碍的书籍，因为你越是了解创伤对于孩子的影响，你就越能为他们提供更好的帮助。要及时庆祝他们取得的小小胜利——记下孩子已经取得的进步。

自我照顾对于保持良好状态真的很重要，还因为这会帮助你避免潜在的继发性创伤。继发性创伤可能发生于倾听他人创伤的过程中。你的压力越大，越是不堪重负，受继发性创伤的风险就越大。因此，你要找人分担你的忧虑，尽量保持生活规律。你可以使用本章前面讨论的着陆技巧，而且要保证充足的休息。

"空杯子里倒不出水"——你首先要照顾好自己！（第2章有更多关于作为父母如何照顾自己的信息。）

我在哪里可以得到支持?

如果你对自己的症状感到担忧,可以去医院心理科或者心理诊所。

小　结

必须强调的是，本章中出现的所有症状都是对创伤经历的典型反应。这是人类对困难处境的自然反应，通过照料、理解和治疗（如果需要的话），家庭的所有成员都可以在创伤后痊愈并茁壮成长。

创伤之后，生活还要继续！

参考文献及扩展阅读

American Psychiatric Association (2013) *Diagnostic and Statistical Manual of Mental Disorders (5th Edition): DSM-V* Washington, DC: American Psychiatric Association.

Nice Guidelines: <www.nice.org.uk/guidance/ng116/evidence/evidence-review-a-psychological-psychosocial-and-other-nonpharmacological-interventions-for-the-prevention-of-ptsd-in-children-pdf-6602-621005>

EMDR Institute: Eye Movement Desensitizing and Reprocessing <emdr.com>

第 13 章

如何管控焦虑产生的身体变化?

露丝·菲什维克博士,

临床心理学家

如果家庭中有孩子患病，无论孩子的病是一过性的、短期的（急性的）、还是长期的，每个家庭成员都会倍感压力。长期疾病有时被称为"慢性病"，是指目前无法治愈，只能通过药物和治疗手段加以控制的疾病。孩子在整个生病期间少不了住院、门诊预约和每日持续的药物治疗，这会让孩子和家庭感到非常焦虑。

本章将重点介绍如何在孩子有长期健康问题的情况下给予孩子支持，给出如何在整个过程中帮助孩子的建议。在这期间，你可能会遇到紧急情况，没有时间让孩子做好准备。不要太过担心，就算是在这些情况下，仍然有一些有用的策略可以帮助你和孩子减少痛苦，而且如果孩子患有需要住院治疗的一过性急症，这些策略也会有所帮助。

想想你或者其他家庭成员曾经住院的时候。你注意到了什么——你看到或听到了什么？你当时可能不知道发生了什么，不理解专业人士在你面前在说什么，但你可能对特别的气味或声音有记忆。对于孩子来说，"医院就像另外一个国家，他们必须学会适应这里的风俗、语言和时间表"（Hall, 1987, cited in Rokach, 2016）。当孩子感到害怕、疲惫或痛苦时，就会依赖安全、稳定的家庭环境以及家庭的支持，以便能够在应对当前的情况时感到强大和有底气（Angström-Brännström et al., 2008, cited in Rokach 2016）。对于孩子来说，这是必不可少的，因为他们自身有限的应对技能、情感资源和复原力并不足以应对他们在入院期间所承受的巨大的身体、情感压力（Boyd and Hunsberger, 1998）。

慢性病的历程

诊断前

你的孩子可能感到不舒服已经有一段时间了,为了确诊,他们可能需要做一些对他们来说完全陌生的检查(核磁共振/CT扫描、X光、血液检查、窥镜等)。他们可能会进行生命中第一次全身麻醉。他们可能对正在发生的事情感到害怕,想要寻求支持和安慰,让别人告诉他们一切都会没事的,或者他们会避免讨论正在发生的事情。你最应该做的事情是安慰孩子,解释医生们正在做的事情是对的,等检查结果出来后你们都会更加了解病情。不要向孩子许下你不能保证兑现的承诺。例如,不要说某项检查不会痛,在后续还有更多检查或者手术的时候跟孩子说做完这个就没别的了。如果你没有做到你承诺的事情,孩子可能开始丧失对专业人士和父母的信任,这可能对孩子的人际交往和整个病程产生负面影响。

虽然这对你和孩子来说都是紧张的时刻,但你要认识到,孩子会对你的情绪做出反应。你自己对于不确定情况也很可能会感到焦虑,但不要与孩子直接分享你的恐惧。你可以与其他成年人分享,但尽量不要在孩子(或他们的兄弟姐妹)面前进行这些谈话。这样一来,你既有机会与其他人谈论你的想法和感受,同时也不会让其他孩子担心那个患病的孩子,或者因父母的恐惧而担忧。

诊断时

当你得到孩子患慢性病的诊断时,你的心情可能很复杂:你可能因为知道了孩子的问题所在,也知道了自己在应对什么,所以感到宽慰;也可能因为你对这种疾病知之甚少,而对诊断结果感到恐惧和不确定,这对你和孩子来说可能是一种很可怕的经历。这个过程通常被称为"过山车"。你可能会对这些信息感到不知所措,孩子可能也有与你相同的感受。或者,孩子可能看起来像是封闭自我了,并且看上去不愿与医疗人员沟通。这并不意味着他们没有在听。孩子的医疗保健团队会以适合孩子年龄的方式,尽量确保孩子明白医生在表达什么。

住院治疗

医疗团队的目标是与家长合作,尽可能不让孩子住院,并将每个孩子作为独立个体,分别管理他们的住院情况。针对一些特定的情况或个别的孩子,可能需要有计划的、常规的住院治疗,也由于疾病的原因,他们在整个童年时期住院治疗的几率可能会更多一些。在入院前,要和孩子谈谈住院的计划,这样他们就知道会发生什么,以及什么时候会发生。考虑一下孩子想做的重要事情(例如学校旅行)或他们需要做的事情(例如考试)。告诉医疗团队这些信息,这样孩子住院就可以避开这些时间。

看门诊

在整个治疗过程中,孩子可能需要经常去儿科看门诊。住院和门诊之间的主要区别是地点和停留时间的不同。门诊的时间一般最多也就几个小时。门诊能够进行一些基本的检查化验，如验血或拍 X 光片，也能进行例如静脉输液这样的治疗。

支持孩子的策略

"一招通吃"的方法不存在，但下面的策略对住院和门诊都很有用。

孩子的支持团队

帮助孩子想一想谁是他们支持团队的成员。这可以包括医院特定的工作人员、学校的教学人员、小家庭或大家族的家庭成员，以及他们的朋友。如果孩子在自己护理环节的某一方面遇到困难，请孩子想一想支持团队的成员会对自己说些什么。

知晓和理解

你会收到一封关于医院门诊预约的信或电话。你要让孩子知道这件事，对于年纪比较小的孩子，还要经常提醒他，直到门诊当天。这样一来，孩子就不会因为在没有准备的情况下来到医院而感到震惊，从而产生困难行为。

如果医疗团队与你联系，告诉你孩子需要做一项检查（如验血），那么最好在这次门诊之前就告诉孩子，让他们有机会适应这个想法。这样一来，孩子就有时间思考这个检查，并能告诉你这个检查让他们有什么想法或感觉,以便你能与团队分享。如果孩子担心会发生些什么,那么你和医生可以准备好使用下面一节中给出的策略来帮助孩子,例如,用医院护照,或者使用科技产品或拼图书来分散孩子的注意力。

沟通是其中的关键。如何找到正确沟通的平衡点取决于你的孩子的年龄。如果你分享太多,孩子可能感到害怕或痛苦;如果你什么都不分享,孩子也可能感到害怕或痛苦,因为他们不知道发生了什么,不知道人们(有时是陌生人)要"对他们做什么"。

作为孩子的家长,你是否了解在看门诊或住院时将会发生什么?花时间与医疗团队聊聊,以确保你了解有关情况,以便你和医疗团队能够找到与孩子交谈的方法,以及让你能够在两次门诊相隔的时间里帮助孩子。你可以问孩子"你认为正在发生/将要发生什么?",以此了解孩子已经知道和理解了多少。这可以让你知道孩子的认知是否准确,是否有偏差,以及是否需要医疗团队支持。

你看门诊的次数越多,你就越能理解医生期望你和孩子做什么。在每次门诊后谈论这些经验也是很重要的,这将有助于你了解孩子对正在谈论的事情认识有多深。

先前的负面经历可能会对孩子产生影响,他们可能会更坚定地拒绝进行必要的手术。与孩子聊聊,支持他们与医疗团队合作,让孩子有机会分散他们的恐惧。由此,医疗团队可以采取行动,他们可以使用下面概述的策略,让孩子发出自己的声音。孩子可以在专家团队的指导下参与制定他们的治疗计划,这能让孩子感到更有控制力，因为在生病的情况下，他们往往觉得自己无能为力。

婴儿和刚学走路的孩子可能特别害怕进行例行身体检查。询问医疗团队是否可以把孩子在整个检查过程中所有必须做的事情拍下来，以及你是否可以为团队成员拍照。你的团队，或者你，可以把这些照片做成一本图画书，你和孩子可以在两次门诊预约之间看这本书。孩子也可以自己看这本书，这会让他们更熟悉在医院环境下的自己。

对于不同的治疗方法和药物，要跟孩子聊聊这些药物叫什么，以及作用是什么。这样一来，孩子就会很熟悉这些药物，而且会明白他们需要怎样服药，以及为什么要服药。孩子的医疗小组会分别在不同阶段的门诊时间进行这项工作。

保持联系

在可能的情况下，帮助孩子与朋友、家人和学校保持联系是很重要的。目前的数字技术让我们能够更好地沟通，让孩子有机会与他们的同伴和家庭成员保持联系。

放松

教孩子一些简单的深呼吸练习或放松练习，这些练习可以帮助孩子减轻在紧张情况下的焦虑程度。你可以在本书中找到一些很好的例子，这些例子都非常有效。根据我的经验，帮助孩子想象一个"安全场所"是非常有用的（见第 12 章）。重要的是，任何放松练习（包括建立安全场所）都要在没有其他检查发生的时候进行。孩子也可以在整个住院过程中进行练习,并将这个练习应用于安全度较高的手术中。

带上能让孩子感受到家的舒适的物件,这会让孩子感到更放松,例如孩子的被褥,或者最喜欢的玩具。其他想法包括:

- 婴儿:玩躲猫猫,玩摇铃,听摇篮曲,放置玩具鼓励孩子滚动、爬行、踢腿。
- 学步儿童:听音乐、堆积木、玩橡皮泥、用蜡笔涂鸦、看电视。
- 学龄前儿童:画画,与成人一起阅读,剪纸贴纸,拍球、传球、接球。
- 学龄儿童:阅读、拼图、艺术和手工、棋盘游戏。
- 青少年:玩纸牌或棋盘游戏、玩电子产品、听喜欢的音乐、看电影。

儿童病房有游戏专家,他们将提供适合孩子年龄和能力的任务。

身体接触

揉搓孩子的背部或手臂,抚摸他们的额头或脸颊。如果他们把你推开,尽量不要生气,因为有些药物会让他们对触摸很敏感——如果孩子这样做了,用平静的语气请孩子把你的手放在他们认为会有帮助的地方。

说出情绪

住院的孩子经常感到困惑、害怕，需要支持和安慰，也需要有人向他们解释他们要面对的事情（以适合他们年龄的方式）。最重要的是，他们需要别人视自己为"小大人"。他们渴望自己不仅仅被视为是一具躯体，而是有情感、痛苦、疾病和焦虑的活生生的"人"（Rokach, 2016）。无助的感觉，加上恐惧和痛苦，会让孩子感到无能为力。医院工作人员的目标是减少孩子和孩子的家庭成员因入院而遭受创伤的风险。当孩子被限制在医院的一张床、一个房间或一个侧室里，无论他们在里面逗留的时间有多短，都会让孩子感到他们被困住了。

由于孩子的年龄和/或认知发展，孩子们会通过行为而并不是语言来表达他们的情绪。有时孩子需要他人帮助自己理解和表达情绪感受。孩子可能会有很多种情绪。帮孩子说出情绪对所有的孩子，尤其是年幼的孩子来说非常重要。例如："我认为你会因为想到要做血液检查而感到担心和不安。"通过说出这些情绪，可以塑造孩子的情绪词汇，并增加他们在未来能够沟通情绪的机会。这样一来，孩子也会有机会告诉你，你对他们情绪的判断是对的还是错的。在不同的情况下（无论是否与健康问题相关），你都需要这样做，以帮助孩子识别新的情绪是在何时出现的，以及相同的情绪何时出现在不同的情况下。你也可以和孩子一起回忆他们成功克服困难的时光，以帮助他们建立信心。

尽量避免使用"勇敢"这个词——当孩子成功完成手术时，这个词很适合用来鼓励他们。然而，如果孩子不能完成之前他们觉得以"勇敢"就能完成的程序，他们可能会开始产生怀疑，认为自己是个失败者。要让孩子认识到自己的处境是正常的，例如，"感到害怕是正常的"，然后对孩子保持好奇的心态，看看什么可以让他们的处境变得更容易。

医院护照

在住院期间，孩子很可能需要做一些他们以前没有经历过（或经历过很多次）的手术。不同年龄的孩子可能会对手术感到焦虑，他们可能会哭闹、尖叫、口头拒绝或挥舞四肢来拒绝，以阻止医疗专业人员接触他们的身体。这种"抵抗"很多时候是孩子试图在他们认为没有控制权的情况下夺回控制权。他们可能会发现自己处于陌生的环境中，并可能认为抵抗是重新获得控制权，推迟甚至阻止手术的唯一途径。如果孩子意识到这一抵抗策略是有效的，就可能重复这些行为，或在必要时增加这些行为。

医院护照目前有多种形式。有些可能有几页，并且配有图片，帮助有学习障碍的孩子感受到参与感和力量感。为了帮助孩子将别人是在"**对他们做事**"的想法转变为"**与他们做事**"，医院护照可以用于不同年龄的患者，孩子可以与医疗团队的所有成员一起工作，找出可行的方法。

医院护照是非常有效的，特别是每个孩子的护照都是针对他的特定情况定制的。这可以让孩子感受到支持，并让孩子觉得自己对情况有所控制。孩子还可以在护照上画出自己喜欢和讨厌的事物，制作一本自己的个性护照。医院护照鼓励孩子不要与医院工作人员对抗，而是合作。如果孩子们觉得难以与专业医疗人员沟通他们的恐惧，医院护照也会非常有用。

如果想要定制医院护照，可以去找值班护士或游戏专家小组。你的医疗专家小组中也可能有临床心理学家可以做这项工作。医院护照的简单结构，对下面案例中的詹姆斯很有效。护照内容包括姓名、年龄、医院工作人员需要知道的内容（例如孩子害怕什么），以及工作人员可以做什么来帮助孩子。

詹姆斯

詹姆斯是一个患有囊性纤维化的14岁男孩，他与妈妈一起生活。他也有一些自闭症的特征。作为囊性纤维化治疗的一部分，他必须定期进行长线静脉注射（IV）抗生素，随着时间的推移，詹姆斯的静脉因多次长线静脉注射抗生素而留下了疤痕，这使得他难以完成全部抗生素疗程。

当詹姆斯4岁的时候，医生在他胸部的皮肤下插入了一根静脉导管。静脉导管是一种带有自封闭硅胶泡沫和塑料导管的植入装置。人们希望这能让詹姆斯的静脉抗生素注射变得更容易些，这些尝试一开始确实成功了。3年后，冲洗静脉导管时，导管内部流通不畅且会给詹姆斯带来疼痛。詹姆斯胸部的X光片显示，连接到静脉导管的导管已经断开并移位了。介入放射科团队使用一个多用异物套将导管取出。詹姆斯完全康复了，并安装了新的导管。

接下来的几年里，每次冲洗静脉导管前，詹姆斯都会感到焦虑，需要妈妈、哥哥或工作人员给他提供"安全支持"，帮助他度过这个过程。詹姆斯对此越来越抗拒、失控，因此冲洗静脉导管这件事对他自己和负责冲洗的护士来说都变得更加危险，所以囊性纤维化小组请我来帮助詹姆斯。詹姆斯太焦虑了，他说不出自己为什么这么做，但在更深入的讨论后，他回忆起医生当时给他看那根取出来的导管那一刻。他看到导管的时候很害怕，并把破裂的导管跟以后可能进行的静脉导管冲洗联系到了一起。他开始担心每次有人碰到静脉导管，导管就会破裂，因此他会拒绝并延迟冲洗程序，导致未来更加焦虑。詹姆斯得到了一些控制权和决策权，这帮助他克服了拒绝冲洗静脉导管的困难。

后来，静脉导管感染，需要移除。这对詹姆斯来说提供了更多的证据，证明这个本该让他更轻松的设备可能会出现问题。詹姆斯害怕手术，害怕全身麻醉，害怕醒来后还要用长管子进行静脉抗生素治疗。最重要的是，他害怕在恢复期过后还要插入一个新的静脉导管。由于他的静脉导管已经出现过两次问题，詹姆斯坚信更多的事情会出错，因此感到非常担忧。

我的医院护照

姓名：詹姆斯

年龄：14 岁

我叫詹姆斯，我要进行全身麻醉来取出静脉导管，对此我感到非常紧张。我不喜欢做全身麻醉的感觉，我得反抗，不能让他们这么做。我感到害怕，因为我有过全身麻醉和手术的经历。我担心手术后会有疼痛感。

你可以这样帮助我：

- 不要使用麻醉管子和面罩。
- 请不要在我面前谈论你要做什么。
- 请不要在事后给我看静脉导管。
- 请在我手术的当天早上检查我的静脉导管。
- 我想在周一晚上和周二早上服用地西泮（片剂），还要观看 F1 视频放松。
- 我想在你冲洗/给药时，自己夹住或松开我的静脉导管。
- 请让我给我的疼痛打分，满分 *10* 分。

图 13.1　詹姆斯的医院护照

医院护照可以与孩子的健康记录保存在一起，孩子自己也会得到一份副本。如果护照上有个性化的照片，还可以帮助医护人员了解孩子，在你们谈及健康"内容"之前提供一个谈论话题。医院护照可以用于住院时的大多数情况，也可以用于会给孩子带来更多焦虑的特定护理方面。

在家支持孩子

孩子们渴望固定的生活日程来帮助他们获得安全感。例如，良好的睡前流程可以改善孩子的睡眠习惯，在危机时期坚持家庭常规对家庭的恢复能力很重要（Black and Lobo, 2008）。你要确保自己不会打破自己的规则，以此帮助孩子顺利度过整个病程。打破规则的行为有：突然允许他们熬夜、给孩子额外的休息日或者让他们少做家务。这些都会让孩子感到困惑。坚持日常家庭生活是很重要的。为每个家庭成员设定好角色会帮助你的家庭生活顺利进行。这将帮助你更好地应对紧急住院的情况。

随着孩子的成长，他们将需要学习适合他们年龄的家务，例如，整理卧室、布置餐桌、洗衣、做饭、清洁等等。你要将这些事情和每天的治疗一样列入他们的日常任务清单，以帮助他们习惯这些任务。虽然不能指望孩子在哮喘或关节炎发作时整理卧室，但你要确保孩子在其他时候能够履行责任，还要和孩子讨论在他们状况好或不好时分别对他们的期望。这将有助于在孩子的治疗和成长之间找到一个合理的平衡点，并为他们的成长和发展的下一个阶段做好准备。

度过困难时期

要一边应对慢性病的日常需要,一边平衡孩子在社会和情感上的成长需要,可能会非常困难。孩子在生命中的某个阶段可能会开始反抗这种疾病及其药物/其他治疗方法。这可能会引起你的焦虑,而且反过来又可能让你对孩子的拒绝行为做出不同反应。你要保持冷静,用平静的语气与孩子交谈,解释他们为什么要接受治疗。问问孩子"是什么让你难以坚持治疗?"对他们要有好奇心,了解孩子是否理解选择不做治疗的后果。孩子想停止治疗的常见原因包括:

- 他们可能对每天做同样的事情感到疲倦和厌烦。
- 他们可能注意到自己与朋友之间的差异,或者觉得自己无法享有同样的机会。
- 他们可能不理解停止治疗的后果。
- 他们可能对在学校成绩落后感到悲伤或焦虑。

鼓励孩子与你分享他们的感受,以便你能与他们的老师讨论这个问题。一旦你了解了孩子的想法,你就可以与你的医疗团队讨论。也许可以回顾一下孩子使用过的药物和治疗方法,看看能否减轻孩子的负担。

在学校支持孩子

如果孩子由于门诊、住院或手术而离开学校一段时间,他们可能会担心学校里的人在他们回来时问一些问题,比如他们缺席的原因，他们在休息或午餐时服用的药物，如胰岛素或酶，以及他们身上可见的医疗设备，如鼻胃管/经皮内窥镜引导下胃造口管（PEG）。你可以准备一份草稿，并和孩子一起排练，既能满足其他孩子的好奇心，同时又不会泄露太多信息。这可以帮助孩子和你一起考虑他们想让其他人知道多少，孩子可能想在中草稿加入幽默元素。

孩子可能会担心自己在学业上落后于同龄人，或者可能发现自己已经落后了。这可能会给孩子带来额外的学业焦虑，你以前可能没有意识到这一点。如果孩子得到了新诊断或者治疗方式上有了新变化，你要与孩子的班主任/年级组长/教务主任/特殊教育需要协调员（SENCo）一起讨论。如果孩子需要入院治疗，问问孩子的医疗团队医院里有没有医院教育小组。那里的老师能够直接与孩子的学校联系，确定你的孩子在学业上的进展情况，并会在孩子住院期间尽量为孩子补课。

你的自我照顾

作为父母，你可能会过度思考你的角色就是照顾孩子、让孩子好起来。不要忽视自己的身体和情感需求，要积极地照顾自己，这很重要。如果你能降低自己的压力水平，那么孩子就会从中受益，孩子的压力水平也会降低。以下这些策略并非对每个人都可行，但与我合作多年的父母们证明这些策略能提供帮助：

- 在病房里穿着舒适的衣服
- 自带羽绒被
- 戴上眼罩
- 带上平板电脑/书籍/杂志
- 不要总是待在病房
- 了解你对医院/医疗程序的感受

如果你在照顾孩子的任何方面有困难，不要害怕寻求支持。我们需要照顾你，因为你是孩子支持团队的重要组成部分（第 2 章提供了更多关于作为父母照顾自己的信息）。

要　点

孩子在整个病程中会经历高峰和低谷。医疗团队想要增加高峰的次数，减少低谷的次数，并且想与孩子携手合作。教育是这一过程中的关键，这样孩子就可以问问题，还能了解他们每天需要做什么。本章及本书有多种不同的策略可以帮助孩子，但如果你发现孩子仍然对手术、住院、慢性疾病感到焦虑，那么你可以让他们与当地的儿科心理服务机构交流，这些机构中有临床心理学家，他们在支持有慢性疾病的孩子方面有一定的经验。如需进一步的支持，请参考《当孩子生病时——应对照顾患病儿童的情感挑战的指南》，作者乔安娜·布雷耶（Joanna Breyer, 2021）。

参考文献及扩展阅读

Black, K. and Lobo, M. (2008). *A Conceptual Review of Family Resilience Factors. Journal of Family Nursing* [online] 14(1), pp.33–55. Available at: <journals.sagepub.com/doi/abs/10.1177/1074840707312237> (accessed on 15th June 2020).

Boyd, J.R. and Hunsberger, M. (1998) 'Chronically ill children coping with repeated hospitalizations: their perceptions and suggested interventions', Journal of Pediatric Nursing, 13, pp.330–342.

Breyer, J. (2021) *When Your Child is Sick: A Guide to Navigating the Emotional Challenges of Caring for a Child Who is Ill*, London: Sheldon Press.

Rokach, A. (2016) 'Psychological, emotional and physical experiences of hospitalized children', *Clinical Case Reports and Reviews,* 2(4): pp.399–401 Available at: <www.oatext.com/Psychological-emotional-and-physical-experiences-of-hospitalized-children.php#gsc.tab=0> (accessed 15 June 2020).

第14章

如何化解孩子的抑郁情绪和自我伤害冲动?

劳伦斯·鲍德温博士,

注册精神科护士

这章的内容有些不同——它所讲的也是一种症状,但这种症状对于有伤害自己想法的年轻人来说可能非常可怕,对于他们周围的人来说也同样如此。焦虑和担忧(以及其他想法)的表现形式可能是情绪的大起大落,所以我们也应当关注可能引发自残的情绪,同时,我们要想办法帮助那些有自残冲动,甚至试图结束自己生命的青少年。

为什么要写这一章？

这本书是有关克服焦虑的书，乍一看，这一章有点奇怪，但是自残是焦虑症患者，特别是青少年患者的一个非常普遍的症状。青少年，甚至是儿童，会因为不同的原因伤害自己，但焦虑是一个非常常见的原因，这就是为什么我们要在这一章讨论它。最重要的是要记住，自残只是其他问题的一个症状。这些问题可能是焦虑或恐惧，儿童或青少年身上可能发生了一些不好的事情，但他们找不到途径向值得信赖的成年人倾诉，或者他们由于其他原因而自我感觉很差。但是自残本身并不是一种病症，它只是其他一些问题的预警信号。它可能具有某种功能，我们将在本章中讨论这一概念，但如果不从根本上解决青少年为什么选择（或被迫）伤害自己，它本身是无法被"治愈"的。这对于父母和周围的人来说也是一件痛苦的事情，对于青少年来说同样如此，所以能够认识到我们自己的这些感觉是很重要的，这也是我们能够帮到他们的前提。

有些青少年这么做是为了引起注意，我刚开始就是那样的。但这并不意味着他们就应该被忽视。有很多方法可以去获得关注，为什么会选择让自己痛苦的那种呢？如果有人在求救，当然要去帮他们啊，而不是冷眼旁观地评判他们求救的方式。

——青少年，引自《真相伤人》(Truth Hurts)

自残和自杀倾向的定义

我们在讨论这个问题时所使用的语言是非常重要的，特别当我们在当事孩子面前或听力所及范围内讨论时。语言很重要，因为语言表达了你对某个主题的看法，尤其是像自残这样的情感主题，你的语言中可能会有一些评判的内容，而青少年往往对这些评判特别敏感。例如，大多数关于自残的文献都不再使用"故意自残"（DSH）这一短语，因为这被认为是一种严厉的指责。孩子很容易从"故意自残"一词联想到"你自找的"，因此"你不值得我同情或理解"。当然，我们可以用"故意自残"这个短语来区分"意外自残"，但通常我们简单地称后者为"意外"就可以了。

为了帮助自残的儿童和青少年，最重要的事情之一是努力建立与他们的信任和帮助关系，如果我们指责他们或使用污名化的语言，就会阻碍青少年迈出信任周围人的第一步。例如，经常有青少年反映，急诊部工作人员对自残者的态度不好，因为工作人员认为他们的伤是自己造成的，而其他病人可能只是不幸意外受伤，因此觉得自残者不值得像其他病人一样得到同情。在消除自残的耻辱感方面，人们已经做了很多工作，但到急诊科就诊的青少年的经历表明，我们做得还不够。

了解自残和自杀行为之间的区别是很重要的,因为二者虽有联系,但却存在很大的不同。最重要的区别是意图:当事的青少年认为他们的行为会导致什么结果?如果他们认为自己会死(即使他们使用的方法实际上不会杀死他们),那么这就是"自杀意图",应当引起高度重视,并需要制定预防措施,以防止未来可能发生的致命事件。精神卫生工作人员有评估风险和意图的系统,并应将这些系统落实到位,这还可能需要社会工作部门或医院自己的保障小组的儿童保障工作人员参与。儿童保障工作有一整套体系来管理,英国的卫生和社会护理人员要强制性参与其中。对于儿童和青少年来说,一个重要的考虑因素是,就算他们的行为不会杀死他们,他们的意图也非常重要。例如,经常有人告诉你,你不应该服用超过 2 片扑热息痛,因为过量服用会要了你的命,而你去服用 4 片扑热息痛,并认为它会致死,那么这仍然是自杀意图。

这个例子可能听起来很奇怪,但是这是基于真实事件的例子。孩子不确定自己的行为能不能成功并不意味着他的想法已经改变了,实际上他的意图仍然存在。即使孩子这种意图很短暂,哪怕是转瞬即逝,也需要对其进行全面的心理健康评估并采取预防措施。不能仅仅因为这种想法现在已经过去了,就认为它们不会再度萌芽。因此,任何自杀意图,无论是转瞬即逝的想法,还是长远的规划,我们都需要认真对待,采取措施确保短期的风险得到解决,并制定长期计划,设法解决导致孩子这些想法和行动的根本问题。谈论这个话题也很困难,有一种错误的观点认为,谈论人们是否想要自杀会使他们更有可能去尝试自杀，但现在有很多研究告诉我们事实并非如此——仅仅询问并不会让人们产生试图自杀的想法，而会让他们知道你非常担心他们，并且在认真对待他们。

自残的人中大多数并不打算自杀，但这些人也绝不应该被轻视。不过自残和自杀的潜在动机确实是不同的。这意味着我们仍然需要意识到，自残的行为是有含义的，只是其含义不是试图结束一个人的生命。研究确实表明，从长远来看，如果不能解决导致一个人自残的痛苦根源，那么这个自残者自杀的风险更大。正如我们前面提到的，自残是其他令人痛苦的问题的一种症状，而且它通常是青少年应对这种"其他问题"的唯一方式。这是心理健康基金会的全国性调查《真相伤人》中最重要的发现。《真相伤人》这本书读起来并不轻松，但书的内容是在同大量有过自残经历的人对话的基础上写成的，因此对这类问题提供了很深刻的见解。

自残有很多种类，最常见的是服毒（过量服用药物或毒品）和割伤（包括公开的或隐蔽的）。当然，还有很多其他自残的方式，但以上提到的方式在儿童和青少年中是最常见的，因为药物和切割的工具很容易在家里找到，或者可以在商店里买到（不会有人阻止孩子买削笔器，但削笔器里确实含有锋利的刀片！）。自残的定义通常不包括其他长期的、具有潜在破坏性的行为，如过度节食、使用非法药物、吸烟或酗酒，以及通过性滥交或参与危险运动将自己置于危险之中。这些被视为其他问题（如厌食症或饮食问题）的症状，甚至是正常的发育行为或冒险行为。但是，故意滥用药物可以被归为自残，例如 1

型糖尿病患者故意乱用胰岛素，意图使自己陷入昏迷。同样，这应当被看作是背后问题的一个症状。

当提到自残的问题时，还需要些考虑到其他社会和发育方面的因素。我们需要重点关注孩子行动背后的意图。对于一些年龄比较小的孩子来说，有些事情他们并不能完全理解。例如，年纪非常小的孩子没有对死亡的永久性形成完整的概念。虽然当5岁的孩子说想自杀的时候，周围的成年人听了会感到非常痛心，但是当孩子没有完全理解自己所说的内容时，他们真正的意图很有可能跟那些大一些的孩子说这些话的意图不一样。然而，孩子的举动仍然需要被视为背后问题的一种症状，而且我们应该以一种同情的方式来帮助孩子处理他们的情绪。当有家庭成员去世的时候，我们会用一种奇怪的方式来试图减少此事对孩子的打击，我们会说死者"安息了"或者"在一个更好的地方"，但孩子很容易误解。如果孩子非常想念刚刚去世的祖父母，可能会想和祖父母在一起，表达自己想和他们一起去天堂的愿望，以此来应对他们的悲伤。当我们试图从社会方面理解孩子的行为时，还需要考虑一些事情。统计数据显示，女孩更有可能自残（当然，社会也发生了变化，现在越来越多的男孩也开始自残），而且男性（包括男孩）不太倾向于谈论自己的问题，所以当他们无法再应对时，会诉诸更暴力的自残手段。一些文化压力会导致黑人和少数民族年轻人面临更高的风险，而且那些福利院长大的孩子和性少数群体的年轻人也会面临额外的压力，这意味着他们自残的风险更大。

> 小时候，我对自己的情绪非常困惑。人们认为割伤自己的人是在寻求关注，但其实我并不想要关注，我只是无法控制自己的情绪，我需要一个出口。我为此感到羞愧。这让我的问题更严重了，因为我本来就为生活中的其他事情感到羞愧。
>
> ——年轻人，引自《真相伤人》

他们为什么要这样做？

针对自残事件原因进行的研究证实了自残是其他问题的症状。英国的许多地区现在都有专门的联络小组，为在急诊科就诊的有自残行为的儿童和青少年提供帮助。病人人数在每年 5 月和 6 月的考试月通常会增加。最近，这种模式发生了变化，所以现在全年的需求都比较稳定。NHS 服务遵循国家健康与护理卓越研究所（NICE）发布的临床指南，该研究所发布了两套关于自残（短期和长期管理）的指南。内容通常包括将孩子收治于儿童病房，以便对孩子的伤口进行初步治疗，而后由心理健康专家对孩子进行评估。一些青少年也可能会被送到医疗评估室（MAU）。NICE 的这一指南意味着，随着社区（初级保健工作人员、社会保健工作人员和教师）更加意识到住院治疗的重要性，越来越多的青少年得到了关注，这或许解释了为什么全年住院率更为均衡。

青少年给出的导致他们自残的首要原因有:

- 在学校被欺负
- 与父母相处不好
- 因学习成绩和考试成绩而感到压力和担忧
- 父母离婚
- 丧亲之痛
- 意外怀孕
- 与种族、文化或宗教有关的问题
- 低自尊
- 感觉被拒绝

此外,由以下两个问题引起的压力进一步增加了高风险因素:

- 在童年早期经历过虐待(无论是性虐待、身体虐待、忽视和/或情感虐待)——严重和长期的性虐待会导致较高的自残发生率。
- 据估计,青少年中的性少数群体(同性恋者、双性恋者和跨性别者)自残的可能性是异性恋的 2~3 倍,而且自残的高发率也与学校里针对同性恋群体的欺凌有关。

所有这些问题都与焦虑和担忧有关,我们可以再次看到,青少年在成长过程中遇到陌生的问题难以应对时可能会做出自残的举动。考试前自残的发生率就是一个很好的例子。我曾负责对自残的青少年进行引导，我的经验表明，许多青少年实际上并不会直接说他们自残的原因是考试，而是通常会谈论其他让他们担心的事情，但很明显，他们遇到了自己第一个持续的焦虑时期，他们处理其他问题的能力受到这种潜在焦虑的影响。因此，尽管学校现在能够更好地提供支持，但正在学习应对考试焦虑的年轻人会发现这一新的问题很难应对。

同样，随着青少年年龄的增长，他们会受到朋友和周围人对他们看法的强烈影响。在这个阶段，父母和家庭不再是他们主要的支持力量，他们更加在意朋友的看法，并试图寻求身份认同，这是一个正常的发展阶段。但如果问题得不到解决只会使压力不断加剧，让他们觉得自己是失败者、不合群，或在任何方面与众不同都会成为一种压力，并且很难说出口。对于性少数群体的青少年来说尤其如此，他们可能会受到来自同龄人的大量欺凌或虐待，这会对自尊心产生影响。对许多人来说，无论是作为同性恋者、双性恋者、跨性别者或酷儿，还是因为残疾或神经多样性（见第 6 章），因"与众不同"而产生的孤立感，都会使焦虑水平急剧上升，而应对的方式之一可能就是自残。即使在数字时代，找到像自己一样的人、学习更好的应对机制或寻求支持，都可能是非常困难的，即使你已经认识到了你实际上属于哪个群体。

青少年会自残的原因有很多。其中一个原因是，如果他们感觉某件事情不好，或感觉自己不好，他们就会惩罚自己。当青少年割伤自己的时候，经常会说自己有解脱或者放松的感觉，这意味着他们不必把注意力放在担心的事情上。当然，这会很痛，但这就是意义所在，因为身体上的疼痛给了他们一个关注点，而这个关注点有别于那些可能会压垮他们的焦虑。身体上的痛苦迫使他们专注于眼前的痛苦，这可能是他们能回避在其他时间感受到的情绪痛苦的唯一方法。那些过量服药的人可能没有放松的感觉，但他们也是在通过失去意识来摆脱情感上的痛苦。所有这些人都会认为他们这是在控制一种他们本来觉得无法控制的情况。

有很多青少年会尝试自残，因为他们知道有朋友这样做，或者在网上看到过，但发现这对他们不起作用，但有些人（可能 10% 的青少年）会在没有其他合适办法的情况下采用自残的方式作为应对策略。医护人员和家长，以及亲朋好友的任务就是帮助孩子找到更好的应对机制，以处理他们的焦虑或恐惧。

> 疼痛是有用的，疼痛可以疗愈。如果我不割伤自己，我可能都活不到现在。我的父母没能帮我，宗教没能帮我，学校没能帮我，但自残却帮助了我。而且这些天我自己过得很好。不要误会我的意思，我一点也不认为自残是一件好事或是一件积极的事。自残只是一种令人心碎的绝望行为，我每次听到有关它的事都会感到难过。但是人们这样做是有原因的。
>
> ——青少年，引自《真相伤人》

正如我们所指出的那样，要想解决孩子的自残问题，我们就必须解决它背后的问题，但青少年可能非常不愿意讨论自己的担忧和焦虑是什么。对于医护人员来说，建立一种相互信任的关系是关键。而对于父母来说，最困难和最重要的事情可能是接受这样一个事实：实际上，一开始你可能不是最适合与孩子交谈的人。敞开心扉，承认自己有一个无法独自克服的问题，对成年人来说尚且非常困难，对大多数青少年来说更是如此。如果这其中还涉及虐待儿童等复杂因素，孩子知道这会对家庭关系产生巨大影响，那么这对他们来说就更难了。对于大多数青少年来说，很难找到一个合适的人来敞开心扉，尤其是当许多成年人不愿去解开"一团乱麻"的时候。如果你是一名教师、医护人员或社会护理人员，那么要记住，无论我们的生活多么忙碌，我们都要看到，青少年选择敞开心扉，与我们分享他们的烦恼，这是一种特殊的待遇和荣誉。这意味着他们在你身上看到了值得信任的东西。

有替代自残和自杀的解决方法吗？

怎样才能让年轻人重新获得控制感，以及找到更好的应对方式？这个问题的答案最好分为短期和长期的解决方案（也许还有一个中间解决方案！）。非常重要的一点是，不要只是使用短期的安全措施，而是要配合长期方法一起使用，长期方法才能解决导致自残行为的根本问题。在本书的其他部分，我们提到过，如果简单粗暴地阻止孩子使用某一种应对方式，同时却不给他们提供更好的应对方式来处理痛苦的情绪问题，通常只会导致孩子出现另一种不同的症状，而不会让问题都消失……

短期解决方案

医疗专业人员会强调一些有关安全规划的内容，尤其是在孩子有自杀意图的情况下。在极端情况下，如果孩子的安全不能得到保证，医院工作人员会希望将儿童和青少年留在医院，以确保他们不会继续伤害自己。这可能涉及保护程序，孩子也可能需要进入青少年精神健康专科住院部。无论是哪种情况，我们都应该把它看作是积极而非消极的一步。除非孩子真的需要，否则医疗人员不会考虑这些措施，如果专业人士提供了这些措施，那么是因为他们认为这是帮助孩子获得长期帮助的最佳方式。

保护孩子安全的计划可能涉及拿走孩子家里或寄宿环境中的尖锐物品，或者防止孩子获得药物，以此帮助孩子克服自残的冲动。这个做法可能会带来问题，因为我们已经看到，拥有控制感对于青少年来说是很重要的，但这个做法实际上进一步削弱了青少年的控制感。因此，像这样的计划需要青少年自己参与其中，并且他们自己应该认识到这是一种短期的援助，同时过渡到实施长期的解决方案。仅仅消除自残的手段，而不开始长期的解决方案，只会导致青少年寻找其他自残的方式。

短期方案的另一个方面是设置一些其他方式来应对会导致

自残的情绪。这通常会用到分散注意力的技巧：许多自残的想法是冲动的，因此在冲动强烈的时候，如果寻找其他事情来做，可以让时间过去，冲动消失。根据我的经验，这种方法对于相对温和的冲动是有效的，关键是让青少年找到适合他们的方法。网上有很多分散注意力的方法，其中一些显得非常随意甚至荒谬，但是想找到适合个人的方法还是需要多进行不同的尝试。在网上搜索的时候要小心，有一些不良网站实际上是鼓励自残的，这些显然要避免。本章末尾的列表中包含了几个有用的、积极的网站。

还有一种方法与分散注意力稍有不同，那就是用温和的刺激物代替自残的痛苦效果。比如把橡皮筋缠在手腕上，在靠近皮肤处绷断，会产生非常轻微的疼痛；能代替划伤皮肤的方法还有类似吮吸冰块、吃生辣椒等。这些方法可能无法解决问题，甚至无法解决短期的问题，但它们有一定的实用性，对一些处于困境的人来说可能有效。这个做法与"减害"的想法很相近，后者鼓励使用安全卫生的无菌利器在安全范围内进行轻微自残。理论上来说，这比用其他工具切割更安全，因为其他工具可能会导致二次感染，而且，这是一种非评判性的临时措施。它只能作为整套护理方案的一部分，且须由经验丰富的精神保健专业人员实施。即使在这种情况下，这种方法仍然是有争议的，许多心理健康工作人员不建议这样做，因为意外伤害的风险可能远远大于预期。

长期解决方案

长期的解决方案将取决于进行自残的儿童或青少年的根本问题是什么。对于那些有焦虑或担忧的人来说，主要关注的问题是解决这些焦虑，而且对于作为成年人或家长的我们，这些焦虑中有些可能很容易解决。例如，整个学年里，年级比较小的孩子只有一个老师，如果他们与该老师相处不好，不能告诉老师他们的担忧，那么孩子往往会非常焦虑。家长可以与学校沟通，消除误解，让学校改变安排来解决发生在学校的问题。本书的其余部分给出了一系列解决其他焦虑问题的不同方法，关键在于，儿童或青少年要在一开始就能够确定自己焦虑的根源。他们可能无法用语言表达出来，或者可能难以辨认出这些焦虑。这时孩子就需要到急诊科就诊并得到心理健康专家的全面评估，而这可能就是开启长期解决方案的一个契机。

中间解决方案：认知行为疗法

最近一种着眼于应对策略的认知行为疗法（CBT）应用越来越广泛，目前已经在经常自残的青少年身上取得了非常好的效果。辩证行为疗法（DBT）通常用于青少年的团体治疗，其目的是处理自残的冲动，以及采取替代策略来调节导致这些冲动的情绪。与 CBT 一样，它侧重于情绪和认知（想法）以及随之而来的行为之间的联系，但更多的是关注为这个特殊问题提供新的应对策略。DBT 也用于应对成年人的问题，但非常适合用于克服青少年的自残冲动，而且在经常使用 DBT 的地区，急诊科的再次入院比率大大减少了。我把这种方法称为中间治疗，因为在一系列 DBT 治疗过程中，孩子的潜在问题有可能得到解决，但如果没有解决，那么 DBT 就不是唯一的方案，需要其他疗法来解决这些问题。

父母和其他人的反应——情感影响

这章的内容接受起来可能有点难。重点是认清我们自己对儿童和青少年自残的情绪反应。

他们怎么能这样对自己？

我们大多数人都不会自残，所以很难站在自残者的角度去考虑问题。面对自残这种过激的行为，人们往往会产生各种情绪，恐怖、反感、震惊，甚至厌恶，有时就连救助人心中也会产生无法完全消解的情绪。对自残的偏见深深地植根于人们的观念。有证据表明，有些人会区别对待"值得"同情的人和"不值得"同情的人。我们围绕这个问题做出的价值判断，植根于我们在成长中形成的世界观。尽管专业人员接受过培训，知道不要评判，但我们也都是人，如果处理不好我们自己的情绪反应，就很难完全做到这一点。对于医疗保健、社会护理和教学领域的专业救助人来说，一定要认真思考如何处理这个问题，以及如何处理引起情绪反应的类似问题。我们可以把自残的行为仅仅看作是深层需求和内心痛苦的外在表现，再来重新审视我们的情绪反应。他们能够在自己身上造成这些伤口，或者服用那么多药片,他们内心得有多痛苦?

父母、朋友和家庭成员的情绪反应可能是不同的,因为你对这个人有情感依恋。因为青少年一直很苦恼却无法表达,家庭成员们通常会感到内疚,但他们往往也会感到愤怒,因为孩子的行为在某种程度上反映了自己过于粗心,竟然"没有察觉这一点"。除了这些无助和恐惧的感觉,人们还担心如果这种情况再次发生该如何应对。当你第一次发现孩子自残时,请不要问为什么,在这个阶段,他们可能无法告诉你原因,这还会增加他们的压力。陪在孩子身边,以非评判性的方式和孩子进行交谈,让他们知道你关心他们,你想了解他们的个人感受,并希望提供帮助,这才是最重要的。他们很可能无法清楚地解释情绪或焦虑是如何影响他们的,你也最好不要试图去猜测,或做出任何预设。尽管人人都希望孩子会听话,但成为一个独立的个体也是孩子成长的一部分,所以如果让他们以为你知道了他们的感受,你往往只会得到消极的回应。

这一成长规律也解释了"孩子为什么不跟我说话"的问题。在孩子成长的道路上,他要脱离对家庭的依赖,并努力实现独立。与父母交谈可能看起来很"幼稚",一些青少年在这个阶段会想要与父母的价值观和信仰保持距离,所以父母可能是他们最不愿意交谈和敞开心扉的人。这对父母来说是痛苦的经历,但这个阶段,父母能做的就是陪在孩子身边,无条件地爱他,关心他。接受过青少年工作培训的专业人员可能是孩子更容易接受的可信赖的人,在这期间,他们会与孩子交谈并提供帮助。

如果发生孩子需要住院（一晚或更长时间）进行评估之类的情况，可能会令人情绪激动，但这也是实现改变的好时机。问题突然被暴露出来，让人们必须去面对它。医护人员的角色有明确的定位，作为参与评估的人员，他们有权提问困难的问题，找到症结所在。通过制定预防和护理措施可以实现长期的改善，因此，尽管这在情感上是一个困难时期，但这些危机也是机遇，让事情能够向好的方向发展。

小　结

自残是一个痛苦和沉重的话题，但这个话题可以提供一个机会，让孩子得到应有的帮助。我们已经明白，应当把自残看作是一种症状，这种症状通常源自痛苦或焦虑，所以我们需要认真对待。心理健康评估有助于确定自残的危险程度，并提供最佳的长期帮助，方式是采用治疗焦虑的疗法，或解决自残背后的其他问题。短期措施可以缓解主要症状，但是解决根本问题才是向前迈进的关键。

参考文献及扩展阅读

Baldwin, L. (ed) (2020) Nursing Skills for Children and Young People's Mental Health. Switzerland: Springer, Switzerland.

McDougall, T., Armstrong, M. and Trainor, G. (2010) *Helping Children and Young People who Self-harm: An Introduction to Self-harming and Suicidal Behaviours for Health Professionals.* London: Routledge.

Mental Health Foundation (2006) *Truth Hurts Report*. Available at: <www. mentalhealth.org.uk/publications/truth-hurts-report1> (accessed 2 February 2021).

第15章

如何控制家庭带给孩子的焦虑？

莉亚·本森，注册心理健康护士和全科医生

对每个家庭来说，应对焦虑都是一个巨大的挑战，往往会对整个家庭产生重大影响。在本章中，我们将探讨焦虑是如何影响家庭的，你对此可能感到很熟悉。我们还会探讨如何通过做出一些小的改变，给日常生活带来真正的变化。21世纪的家庭由于种种因素往往非常忙碌。如果你的努力和心血用对了地方，就有希望改善整个家庭的精神和情绪状态。

要应对焦虑，就要了解焦虑。如果不了解焦虑，请回头看看第1章。充分了解焦虑以及它在你孩子身上的表现，将有助于你向前迈进、实施改变，从而改善生活。对家庭来说，要想克服恐惧，关键的方法是面对恐惧、忍受痛苦。

焦虑常常被认为是具有传染性的，或者会在家庭中产生连锁反应，这让父母和孩子都在管理和控制焦虑时产生困难。对成年人来说，帮助正在经历焦虑的伴侣或子女往往是一个重大的挑战。对于父母来说，减轻孩子的痛苦不是一件易事，父母可能会觉得自己做得不够好，或感觉很无助。

你可能想知道为什么我们要讨论整个家庭的焦虑管理。在治疗中，基于家庭的干预措施，往往可以用来帮助解决焦虑问题。当家庭内部采取一致的应对方法时，这些问题往往会有所好转。这些方法的主要关注点是家庭成员之间的关系，或和该家庭有关的其他重要关系。其目的是找出使一个家庭从稳定状态走向冲突或不和谐状态的复杂多面的相处模式。如果我们能够确定这些模式是什么，并理解它们的影响，就可以让家庭生活更和谐幸福。

当家庭处于高度担忧或焦虑状态时，最可能会出问题的方面之一是沟通。这可能看起来很奇怪：我们不是每天都在进行沟通吗？但问题的关键在于是否进行了有效的沟通。那么我们如何做到这一点呢？我们可以思考一下我们的沟通方式——语言的、非语言的、书面的等等，以及我们作为个人的长处是什么。

还要记住很重要的一点：有效沟通的艺术也在于倾听。孩子们往往也会做出反应，并且会以多种不同的方式传达担忧和焦虑。我们可能会注意到他们在行为上的小变化，这些变化很容易被认为是孩子差劲、顽皮或叛逆。以下是儿童表达焦虑的几种方式：

- 年幼儿童表现出极度的痛苦与愤怒。
- 退行，或表现出和年龄不符的幼稚行为。
- 不健康的饮食或睡眠习惯。
- 年龄较大的青少年会易怒，行为可能失控。
- 顽固或不合作的行为。
- 在专注任务或保持注意力方面有困难。
- 拒绝从事他们过去的爱好或兴趣。
- 无法解释的身体疼痛。
- 使用药物或自残之类的应对策略。

上述某些现象可能也体现在你的孩子身上，但也可能没有。这份列表并非详尽，所有的孩子都是独立的个体，因此表达自己的方式也是不同的。同样重要的是要记住，这些行为并不全是焦虑引起的，有时孩子会因为与焦虑无关的原因而变得沮丧、不合作和易怒，和我们一样；这些行为应该使用你们家庭内部商定的育儿方法加以管理。

值得思考的策略和技巧

说话要简单明了

当孩子处于高度兴奋或痛苦的状态时，他们可能很难接受和理解你对他们说的话和要求的内容。要尽量说得清楚，传达明确的期望，在不允许孩子回避焦虑触发因素的前提下给孩子提供安慰。尽量不要助长焦虑情绪，在确保孩子理解你的话的同时避免过多的重复。当孩子在某一特定情况下反复问同一个问题时（例如，孩子害怕狗和被狗咬），就可以采用这种方式。在你清楚地回答了孩子的问题后，如果你重复回答了三次以上，就跟孩子说你已经回答了这个问题，并要求孩子重复你的答案。

保持冷静

在回应孩子的担忧或焦虑时，保持冷静是很重要的。有时这会很困难，特别是当孩子表现出高度不安时。记住，你需要向孩子示范如何冷静地应对困难情况。这是希望孩子能根据他们观察到的你的行为学会如何应对和管理（"习得行为"）。

持续记录成就

对任何年龄段的孩子来说,看到自己取得的进步都是有用的。试着把孩子的进步、成功,以及他们表现优异的时刻以日记或图表的形式记录下来。试着和孩子互动,让他们也参与其中,让孩子也可以自己独立添加记录。当情况比较困难时,可以把这份记录作为一个参考点。重要的是要确保日记的使用不要间断,这样它对你的孩子才有价值和意义。

积极的语言

当进展缓慢或发生看似挫折的小插曲时,尽量不要使用负面的语言或开启负面的谈话。尽量保持积极的态度,设定目标,并参考成就图表或日记——如果有的话。

常规

试着建立、保持日常生活的常规和结构,同时,这一常规也要能够帮助你在困难时期运转整个家庭。尝试并确保这些常规得到遵守,而且不要实施容忍或回避的方法——无论是你还是孩子。

张弛有度

作为父母,试着思考一下哪些界限对你来说是重要的,而在哪些方面也许可以做出让步。作为家庭的一分子,或是在养育孩子的过程中,什么对你来说是重要的?如果作为家庭成员,你在处理日常的焦虑障碍方面已经承受了压力,那么就可能要在其他方面做出让步，或者为了保持父母的复原力，可以让某些规则变得更灵活一些。这将有助于避免你与孩子陷入持续不断的冲突。

预先计划

你们作为一个家庭尽量提前考虑好，每天在日常生活中可能遇到的诱发孩子焦虑的事情。这样你就不会因为某些事情而感到吃惊或措手不及。孩子也会因此有所准备，有时间思考有什么策略能够帮助他们应对这些触发因素所引起的反应。

放置焦虑的地方

你可以每天都留出时间来倾听孩子的焦虑并与孩子讨论。尽量让谈话保持在固定的时间内，并且不要超时。鼓励孩子慢慢来，并尽可能不要在这个分配的空间之外谈论焦虑。你们可以创造性地使用这段时间，比如让孩子把自己的焦虑写下来，并把它们放在一个"焦虑盒子"或其他确定的地方。这背后的理念是，一旦你们讨论了焦虑并解决了它，就可以通过写下焦虑并把它放在一边来忘记它。

一致性

你们要作为一个家庭讨论你们的目标以及如何坚持这些目标。确保所有的家规都是明确的，并保持一致的做法。考虑到共同点和差异是很重要的，因为这对兄弟姐妹来说非常关键，不同孩子的年龄和发展阶段都需要被考虑在内。在试图管理焦虑时，明确和一致的方法是有帮助的，它可以避免冲突或回避行为。这一点类似于第1章的管理安慰部分或第8章的建立掌控感和能力的部分。

艾莉

艾莉与父母正在为焦虑问题寻求帮助。在第一次治疗中，父母说艾莉在过去的两年中一直有焦虑的问题。升入中学后，艾莉的焦虑变得更加棘手了。艾莉的母亲在治疗过程中解释说，她理解艾莉所经历的事情，因为她自己也患有焦虑症。她很想与艾莉分享她的经验，希望这能对她有所帮助。据家人描述，艾莉的妈妈会给艾莉提供对策和提示，帮助艾莉控制焦虑。然而，这往往会引起二人之间的争吵。另一方面，艾莉的父亲说自己力不从心，在处理困境时处于边缘地位。艾莉的父母对同一问题采取了截然不同的方法。虽然父母很明显都想帮助和支持艾莉，但二人在方法上存在差异，他们需要达成共同的理解。我们回到最基本的问题，探讨了他们作为一个家庭是如何进行沟通、交谈和倾听的。很重要的一点是，沟通不仅仅是语言上的！

我们讨论了这个家庭在困难或冲突增加期间的感受。艾莉说感觉自己没有得到父亲的支持，也没有得到母亲的倾听。这通常会升级为争吵、高度表达的情绪或在家庭中的孤立感。"高度表达的情绪"是一系列不同情绪和行为的简称,例如愤怒、反抗、偏激或批评。可以看出这对消除孩子的担忧和焦虑往往是无益的,然而,这也是家庭在处理长期困难时发现自己经常面临的处境。

艾莉觉得她经常对父母大喊大叫,她的父母也证实了她的说法。我们还了解到,三个人都觉得自己做得"不够好"。我们讨论了三人共有的经历和感觉。这家人相互提供了安慰,并对其他人的感受有了新的看法。这有助于我们进一步探讨他们作为个人是如何体验对方的行为的,以及他们可以如何改变自己的一些行为。

艾莉的妈妈描述说,她对艾莉认为没有感觉到被倾听这件事感到非常惊讶。我们把它公开让家庭成员都思考这个问题,结果发现艾莉不希望她的妈妈分享经验,而是希望妈妈能够"倾听"。这对艾莉和她的妈妈来说是一个重大突破,她们思考了如何以不同的方式分享和倾听对方的困难。

我们探讨了艾莉的父亲在家庭中的角色。她的父亲说,当他想提供帮助时有时会感到"力不从心"。这往往会导致他回避一些场景或不去提供支持。艾莉和她的妈妈都说这非常令人沮丧。艾莉说,她觉得自己与父亲很疏远,而且觉得父亲并不关心她。她的父亲直接向艾莉保证,他非常关心她,也想支持她,但他不知道该怎么做才好。他说他想避免冲突，而且觉得无法帮助艾莉，也无法对这种情况做出任何改变。

由此我们直接讨论了在艾莉焦虑加剧时什么会有所帮助。艾莉要求父亲在她感到焦虑或苦恼的时候"给她一个拥抱"。我们一致认为这是她父亲肯定可以提供的。

接下来的治疗艾莉没有参与。我和艾莉的父母探索和思考有关焦虑以外的、作为完整个体的艾莉的情况。我们讨论了艾莉作为一个青少年，随着身体的发育，正在经历重大的荷尔蒙变化。对父母来说，更清楚地了解何时/如何对艾莉的行为进行约束是很重要的。我们探讨了如何设置明确的边界，父母要理解艾莉的焦虑可能展现出来的形式，但不去接受或容忍与之相关的行为。此外，我们还谈到了父母对痛苦的容忍度，以及父母用策略来推动艾莉的重要性。

经过若干次治疗后，这个家庭报告说，家庭内部的冲突明显减少。这让他们能够在心平气和的基础上更好地改善沟通问题，更好地支持艾莉应对焦虑。以下是变化的关键：

- 当出现困难情况时，父亲扮演更积极的角色。
- 父母就一致的方法和界限达成共识。
- 打开沟通的渠道和"我们如何倾听"。

虽然所有的家庭都是不同的,但清晰、平静和一致的沟通是解决困难的根本。

给家长的建议

照顾一个有额外需求的孩子,如患焦虑症的孩子,可能让人感到压力。这有别于父母的正常角色,需要父母掌握一套额外的技能。当父母需要改变自己的方法时,感到许多杂乱的情绪是正常的。父母往往会因此而感到情绪和身体方面的压力。如果你们对这种情况感到愤怒或沮丧,请善待自己:这是完全正常的。

由于压力和责任的增加,你可能会经历以下这些情绪或感受,它们可能会以多种方式影响你,注意以下迹象或许能够帮助你监测自己的健康状况:

- 因处境忧心忡忡
- 疲劳程度高,睡眠模式不规律
- 容忍度较低(高度表达的情绪)
- 情绪低落和悲伤
- 食欲的改变和身体的变化
- 无法解释的疼痛或头痛
- 对爱好或社会活动失去兴趣

作为父母要认识到,帮助有焦虑障碍的孩子需要什么。你们作为父母可能会不时地经历焦虑,或者可能每天都在挣扎。为了应对这个问题,重要的是要确保建立起你的支持网络,并确保你在情绪上有足够的能力来处理这个问题以及日常生活中的其他压力。请在你周围建立一个强大的支持网络。这个网络不一定是传统意义上的家庭成员或亲密的朋友,也包括很多提供支持的有用的在线论坛。家庭有各种形态、规模和结构。无论你的家庭构成如何,重要的是确保你有一致的方法,既能处理一般的育儿问题,也能在特殊情况发生时应用。这可能会让人感到疲惫,需要人们在身体和情感上有很大的适应力。你要优先考虑自己的需求,这一点有时很难做到。以下是一些可能对增强父母复原力有帮助的原则:

寻求帮助

找出那些能够提供帮助和支持的家人和朋友。列出他们可以提供什么帮助,不要害怕请求别人帮忙。当情况很糟糕的时候,他们能做的其实就是聆听你的烦恼而不去评判你的做法,让你有所依靠。

关注你自己的健康

为了你自己的健康和幸福,努力保持平衡是很重要的。确保你已经花时间考虑了自己的健康需求,并为自己设定目标,比如花时间锻炼、睡眠或进行类似的活动。当然,你不一定总有时间来做这些,但即使是一件小事,如一周一次的在线瑜伽课程，都会有所帮助（见第 2 章）。

与他人联系

在网上或当地社区内寻找支持团体。他们可以帮助你从处于类似情况的人那里得到认可和理解。这些支持小组还可以提供有价值的、经过测试的技巧和策略，能够用来支持你和你的家人。

不仅仅是父母

作为父母，在有了孩子和组建家庭后，往往容易失去自己的身份。下面的问题能够帮助你平等地考虑所有家人的需求，这很重要：

- 我需要什么？
- 我们需要什么？
- 我们的家庭需要什么？

这些问题有助于将不断变化、互相冲突的需求按轻重缓急安排，同时又不忽视每一个需求的重要性。

参考文献及扩展阅读

Burnham, John B. (1986) *Family Therapy*, London: Tavistock.

Carr, A. (1997) *Family Therapy and Systemic Practice,* University Press of America.

Cecchin, G. (1987) *Hypothesizing, Circularity, and Neutrality Revisited: An Invitation to Curiosity.* Family Process, 26:405–413.

Dallos, R., & Draper, R. (2010). *An introduction to family therapy: systemic theory and practice* (3rd ed.).Maidenhead: McGraw Hill.

Pearce, W.B., & Cronen, V.E. *Communication, action and meaning: The creation of social realities.* New York: Praeger, 1980.

Vetere, A., & Dowling, E. (2005) *Narrative Therapies with Children and Their Families.* Routledge, London

Wilson, Jim (1998) *Child-Focused Practice,* London: Karnac.

第 16 章

专业意见：来自作者的"劝解"

莱恩·沃克、阿娜斯·布洛克，

亲历者

莱恩·沃克的故事：焦虑管理

在本节中，我会写到有关焦虑管理的观点，其中一些来自我自己的生活经历，包括我处于等待治疗名单时的反思，以及如果当时的我拥有现在的知识，那么在当时有什么可以帮助到我。有些观点来自我从其他儿童和青少年，包括朋友那里了解到的能帮到他们的事物。还有一些来自回顾和反思：什么在当时可能会帮助我管理焦虑。事情就是这样——一旦许多时间和空间流逝，你不再处于当时那个举步维艰的位置，你就能够以不同的方式来回顾事情，反思过后，便能够以不同的视角或清晰度来看待事情。经过反思发现，一些本来可以帮助我的事情其实是很"小"的事情，但不要低估这些事情的力量，因为有时正是这些小事情可以带来大变化。

我的经历

我从大约 14 岁时开始经历包括焦虑在内的心理健康问题，这影响了我的日常生活。我坐在学校的教室里，胃像拧着一般难受，手掌出汗，身体发抖，好像我很冷一样。这种轻微的颤抖感觉就像是来自内心深处，我无法控制。一波又一波恐惧的波涛和厄运的涟漪在我的内心盘旋，呈现出这些强烈的身体症状。"我出什么问题了吗？"我问自己。"我的身体出大问题了。"我想。不管我怎么努力，我都无法集中精力听老师说话，就好像那些话直接从我大脑中掠过，而我没能力吸收它们。我想去别的地方，只要不在我现在待着的地方就好。有时（如果我的感觉没有限制我的行动的话），我会在大家都在做别的事情时悄悄离开。我不想小题大做，我只想——在没有人注意到的情况下——躲在空旷的浴室里，我的心拧着疼痛，恶心的感觉也随之而来。我把自己锁在浴室的隔间里，远离一切，远离所有人，随着这些紧张程度的减弱，我会得到暂时的缓解。

现在回想起来，我很清楚地知道我所经历的是焦虑，但问题就在这——当时的我完全不知道。我那时对焦虑的症状一无所知，其中包括焦虑会怎样影响人的身体。事实上，焦虑对我来说完全陌生，我甚至不确定我是否知道焦虑这个词的存在，或者就算我知道，我自己也不会使用这个词。我还没有把心理健康和身体健康联系起来，也很少考虑到我的心理健康。现在我已经从自己和朋友的经历中了解到，焦虑可以表现为一系列症状的任意组合，而且可以在很多不同的情况下被触发。焦虑在每个人身上的表现形式可能非常不同，而且可能不会反映出使那个人焦虑的经历。我不知道你的故事，当然，这也只是我故事的一小部分，还有很多其他因素塑造和影响着我这个经历焦虑的年轻人。我想说的是，因为每个人的情况不同，所以对一些人有效的方法可能对另一些人无效，最重要的是在你自己的处境下找到对你有用的方法。我想声明，我不是心理健康专家，我只是一个亲身经历过心理健康问题的人，我有获得和寻求心理健康服务的经验。

了解焦虑

对我来说，要想帮助焦虑的孩子，最重要的第一件事就是了解焦虑。父母或照顾者要花时间去了解儿童和青少年可能出现的迹象和症状。其次，要和孩子谈谈，帮助他们理解发生了什么，包括心理健康和身体健康的关系。

对于孩子或青少年来说，如果他们不知道自己正在经历什么，那么这会增加他们的焦虑。我就是如此。焦虑的循环会导致更多焦虑。在这一点上我认为，如果当时的我知道偶尔经历焦虑是人们正常生活的一部分，那么情况会好很多。焦虑很常见，很多人都在与之斗争。但在学校里，当我看着周围的人都如此无忧无虑时，我开始认为只有我有这种问题。

在治疗中，当我最终开始谈论焦虑，并找到语言去解释和理解我正在经历的事情时，我发现使用人体图来思考焦虑如何影响不同身体部位的方法很有用。我理解了为什么我们会有焦虑，理解了焦虑在我们身体中扮演的角色，还有焦虑是从何而来，以及我们是如何进化的，并且从这些认知中找到了力量。我并非孤身一人。

谈论它

直到我在儿童和青少年心理健康服务中心（CAMHS）接受治疗的时候，我才开始大声说出我所经历的症状。在那之前，这种强烈的感觉一直存在于我的脑海中（并表现为我在一开始描述的那些身体症状）。即使是现在，耻辱和恐惧也会阻止我们谈论自己的心理健康问题，但谈论焦虑是非常重要的。

和孩子聊聊，让他们知道这个问题是完全可以拿来谈论的。就我个人而言，我不希望我的父母"坐下来严肃地问问题"，我更喜欢随意的交谈，但你最了解你的孩子，以及孩子可能会喜欢哪种形式。你是自己孩子的专家。给孩子留有交谈的空间，不要让他们独自面对他们正在经历的事情，但如果他们不想说话，就不要强迫他们说话。如果孩子不想说话，请记住，这也是孩子的一种选择。如果他们不想聊，要让孩子知道当他们想聊的时候，你就在那里等他们。也要记住，事情是会变的，一个星期前孩子说"我不想谈论它"，并不一定意味着"我永远都不想谈论它"。

有时，孩子可能想让你知道他们正在经历什么，但是要说出口太难了。这种情况下，也许可以尝试用写下来或者发短信的方式来代替，同时这样也可以让你有时间思考你想对孩子说什么。也可能是他们不知道用什么语言去解释他们正在经历的事情，而画出他们所经历的事情可以帮助他们表达。记住，要想让孩子参与心理健康服务，孩子自身必须做好准备并愿意参与。作为父母，你可能感觉到他们已经准备好并且愿意参与进来，但是实际上他们可能没有，这可能会令人沮丧，但是如果他们还没有准备好，你也不能强迫他们参与进来，无论他们在什么地方／他们选择做什么，你的支持都可以带来巨大的改变。

持续记录

一旦你和孩子了解了焦虑的症状，以及它们可能体现在身体上的感觉和表现，你们就更容易识别那些会加重焦虑的场景(通常被称为触发因素)。那时候,因为我不知道什么是焦虑,所以我不知道是什么导致或触发了焦虑。现在回过头来看,我能够辨认出是什么触发了我的焦虑,但当时的我完全不明白这一点,当我每天看着时间一分一秒地过去,我不知道为什么蚕食一切的厄运会在每天的同一时间淹没我的身体。

我和一些朋友还发现,在经历焦虑的时候,把发生的事情写成书面记录很有帮助。我开始记录是在儿童和青少年心理健康服务中心接受认知行为疗法(CBT)治疗焦虑时。记录焦虑的方法很简单,就是在一张A4纸上画出一个表格,表头写下"时间和日期"(我开始出现症状的时间)、"情况"(我在哪里、在做什么)、"身体反应"(我会在这栏描述我身体的情况)和"想法"(我会在这栏写下任何想法,如"我需要摆脱这种情况")。这的确帮助我发现了一些主题——我什么时候经历过焦虑,是什么导致了焦虑,这对我的焦虑管理很有帮助。你可以在康奈尔大学编著的《焦虑跟踪日志》(2020)中找到类似的表格。作为父母,你也可以用这个方法观察孩子所做的事情。

你所使用的语言很重要

这听起来是件小事,但却对我产生了巨大的影响。到后期,因为焦虑我无法乘坐公共汽车。我会尽一切努力避开公共汽车,经常步行数英里去一些地方。我周围的人不能理解,我不怪他们,那时我也不理解。我曾经能够乘坐公共汽车,但是后来我再也不能了,我无法用语言来解释为什么。"这就是公共汽车而已，你过去经常坐啊""别傻了"——我周围的人会说这样的话。我内心很沮丧，我不想变成这样，我这样做不是为了好玩。我想做一个"正常人"，像其他人一样继续我的生活。虽然这件事会让我周围的人感到困扰，但我自己同样也会感到困扰，甚至会更严重，这些评论只是增加了我的消极情绪。尽管有些事情对你来说可能看起来很小，你可能不理解这件事引发的焦虑，但是试着从你孩子的角度去理解它——焦虑不是他们可以随意开关的事情。我认为，远离那些会让感情失去价值、让谈话陷入停滞的语言是非常重要的。即使有时你说这些话是出于关心的立场，是不想让孩子经历现在所经历的事情，也要记住这对孩子自己来说也很难。孩子可能知道也可能不知道为什么有些事情会引起他们的焦虑，因此他们也许无法向你解释他们的感受，这可能会导致孩子产生其他的情绪，如悲伤和愤怒。

即时支持

有时，"恐惧的浪潮"会完全吞噬我，我会觉得我就这样了，我会一直经历这种感觉，这辈子都会这样，直到永远。其他时候，我感觉除了高度焦虑的时刻之外，所有东西都是不存在的，仿佛未来只是一个不存在的空洞。现在，我对高度焦虑状态的认识是，它会过去的；在你处在那一刻时，有时你会感觉它不会过去，但它总是会过去的。你要在这些时刻支持你的孩子。安慰孩子他们不会永远都被这种感觉折磨。拥抱对他们会有帮助吗？只是和他们坐在一起会有帮助吗？摆弄一些东西会有帮助吗？我发现对我来说手里拿着解压玩具之类的东西会有帮助。提醒孩子慢慢地深呼吸。当我经历强烈的焦虑时，我的呼吸会在不知不觉中加快，我的手会变得很刺痛，我会感觉自己要晕倒了。当时有人陪在我身边，向我保证他们不会离开，让我不要惊慌，并帮助我直到我的焦虑降低，这些帮助我度过了那些时刻。

现在想来，一个简单的呼吸策略就可以帮助当时的我度过那些时刻，比如计算我的呼吸次数，鼓励我慢慢呼吸，或者和我一起呼吸来给我示范。当我的呼吸慢下来，症状就会减轻。学习其他技巧和策略，帮助孩子改变对焦虑的思考方式也会有帮助。我使用的另一个技巧是把焦虑想象成一列火车。想象自己站在车站，我可以跳上火车，跟着焦虑一起看它（通常还有其他消极的想法）去了哪里，或者我可以只是看着焦虑消失（如果我这样做了，那么做些其他事情来分散注意力对我来说会有用）。

支持团体

面对这些事情，你可能会感到非常孤独——我年轻时也曾有过一段时间感到很孤独。我自己都不了解自己，又怎么能指望别人了解我呢？如果有一个分享的空间，让大家一起学习和成长，那么会很有帮助。在英国，越来越多的父母互助团体正在建立起来。在这些团体里，人们可以互相交流，比如他们经历了什么，发现什么对自己的孩子有帮助。一些团体甚至还会举办不同的活动。查理·沃勒纪念信托基金（Charlie

Waller, 2020）已经开发了一个数字地图,地图定期更新,以显示目前基金在英国各地成立的父母互助团体和组织。

与正在经历或已经有过类似经历的人交谈,并且在这些经历中一起学习和成长,会给人带来强大的力量。重要的是,作为父母,你要感到自己得到了支持,才能以最佳状态帮助孩子,要知道,你并不孤单,在这个世界上还有其他父母也在经历这些事情。研究一下当地有哪些你可以加入的团体。如果我的父母当时能够与其他经历同样事情的父母交谈,我相信这将是一个宝贵的支持来源。对于作为青少年的我来说,我接触到了一个与我有着同样心理健康问题的青少年团体,这让我知道我不是一个人在经历着这些,还有其他与我同龄的人能够理解我。我还在这个团体中交到了朋友,这对我的影响将会伴随终生。

最后的想法

作为父母,有时你需要听到这样的话,无论你做到什么程度,都已经尽了自己最大努力。记住,你比其他人更了解你的孩子,甚至是专业人士。有时,你会觉得什么都不会改变了,事情不会变好了,但事实上是会变好的,而且确实在变好。可能有的时候你会觉得和孩子关系太亲近而无法提供帮助,其实有时仅仅陪在孩子身边,无条件地爱着他们,就是他们需要从你这里得到的。

阿娜斯·布洛克的故事：焦虑的预兆

压力和焦虑是完全正常的，然而，当我因为焦虑不再做我喜欢的事情时，很明显是哪里出了岔子。当你不知道自己需要什么帮助时，就很难寻求帮助——这一直是一个令我挣扎的地方。想解释我感到多么不知所措对我来说太有挑战性了，因为别人看不到发生了什么，我也不知道哪里出了问题。焦虑是一种保护因素（人类的肾上腺素和焦虑主要是为了安全考虑，例如穴居人从狮子身边逃跑——这是一种战斗或逃跑反应），我们和穴居人的生活场景已经非常不同了，但在生物学上，我们还是相同的。

因此，当我经常性恐慌并且做出回避行为时，我的妈妈觉得我需要某种支持，但我却拒绝承认，认为这些只是身体问题。在我焦虑的早期，我从来没有把身体症状归结为焦虑，例如：胃痛、经常头痛、心率加快、头晕、脱发、昏厥。我为这些身体症状看了无数次医生，但这些症状是由我的焦虑引起的，并不是问题的根源。其他人还注意到了我的其他症状，比如易怒、回避、弹腿、经常坐立不安，甚至是一些奇奇怪怪的行为，如摆弄耳环或拔掉几缕头发。当时，这些行为大多是我下意识做出的，然而如果有人向我指出这些行为，我就会注意到，然后感到难为情。因为这些行为在我看来很正常，而且静止不动会让我感觉不舒服。现在我明白了，这些其实是自动分散注意力的技巧，使我的大脑专注于身体内部焦虑以外的东西上。

后来，儿童和青少年心理健康服务中心帮我找出了童年时期的一些焦虑时刻。其中有一个很突出的例子。那时的我只有7岁左右，当时有一个我非常期待的才艺表演。然而，当到了要在一小群观众面前表演的时候，我异常紧张，甚至一想到要表演就会感到身体不适。这是我对焦虑最早的记忆之一，但因为我年龄太小了，而且以前从未表现出这种情况，所以这个反应就被视为"胃病"而被忽略了。这与我目前的焦虑有很大关系，因为我害怕生病，因此会避免社交场合。焦虑的一个主要症状是恶心，这确实触发了我的恐惧症，并因此加剧了我的焦虑。

触发因素和环境焦虑

在我患上焦虑症之前，我有很多兴趣爱好，比如体操，我每周都要参加2~4次体操训练，还会参加地区比赛，甚至还赢得了一些奖项。多年来，体操成了我生活的一部分，我真的很喜欢它，但随着我的焦虑增加，我发现自己开始回避体操课程，以至于我每周只去1次体育馆，或在坐车去上课的时候，我会在车里崩溃，我甚至无法强迫自己走进体育馆的大门。迈进门是最困难的部分，在体育馆的头半个小时内，我的焦虑通常就已经稳定下来，但有时我对焦虑的预期和痛苦会让我不想去。回避加剧了我的焦虑——当时，我认为去做一件事很难，而放弃则要容易得多，但这最终让我的焦虑蔓延到生活的各个方面。对我来说，放弃体操真的很困难，但我曾对这个项目的乐趣和激情都消失了。不幸的是，这成了一种额外的压力——体育馆不再是一个能让我快乐的地方了。仔细想想，这真是太遗憾了，因为我在那里有许多亲密的朋友和快乐的回忆，它塑造了我个性的一部分。就这样，当我的焦虑彻底战胜了对体操的热爱，这项压力也就得到了缓解，于是我焦虑的重点又变成了学校。

像体操一样，学校也曾经是一个让我快乐的地方，因为我喜欢学习，并且成绩总是很好，尽管我偶尔会怀疑自己。在学校焦虑发作最困难的部分是没有休息或缓解的机会。课堂上的沉默是最糟糕的，因为我的思想不会分散，会完全吞没我。我经常无法集中注意力，这是我以前从未有过的。我还会有些不理智的想法，比如感觉每个人都在盯着我看，或者如果我不是一直随身带着一瓶水，我就会窒息而死。这些想法以及更多的想法会不断地出现在我的脑海中，并反过来拖垮我的情绪。当我无法强迫自己进入学校时，放假的日子是我唯一的解脱，但第二天我又会有同样的感觉——疲惫和焦虑。

焦虑发展为抑郁

对我来说，焦虑发展为抑郁的原因是情绪低落。当然了，在大多数时间焦虑都会让你的情绪低落，然而，当我的焦虑集中在我的自我形象上时，我开始感到情绪异常低落。我开始用消极的眼光看待一切，我的焦虑不断地集中在我的不安全感上。这就像和一个知道你所有弱点并知道如何利用这些弱点来对付你的人在战斗。晚上独处的时候，我特别难受。由于焦虑，我睡不着觉，这对我的情绪没有任何帮助，但我会因为侵入性想法而彻夜不眠。由于睡眠质量差加上动力不足，有时候起床对我来说真的很困难。当我现在回头看的时候，那时的我开始走上了一条黑暗的道路，但我自己并没有意识到。在整个病程中，我最喜欢的一句话是：自杀是一个暂时性问题的永久性解决方案。

在我状态最差时什么对我有帮助／没有帮助

我的支持系统是我变得更好的关键，同时也保证了我的安全。在儿童和青少年心理健康服务中心，对我帮助最大的事情之一是我有了一个安全的交流空间，我和我的护理协调员金建立了信任关系。金真的能够帮助我表达我的感受，当她理解了我的感受后，我觉得自己的感受被认可了，这让我感觉不那么孤独。我和父母的关系很紧张，因为他们都很担心我，但我不知道该如何与他们沟通，怕我会让他们更担心。金改善了这一点，让我能够与父母交谈，她会解释我父母不理解的东西——这样就减少了我的焦虑，因为金会开启谈话，这样压力就不会全都在我身上，特别是当我不想总是和父母谈论自己困难时。金所做的最重要的一件事就是帮助我的父母将我与我的焦虑分开，不再让它束缚我。在对抗我的焦虑和抑郁之路上，我和父母是同一阵营的。金还帮助我探索不同的药物，比如抗抑郁药，来尽力提升我的情绪，从而去尝试克服自己的焦虑和抑郁。金还和我一起做了认知行为疗法，帮助我重塑对学校和自己的看法，我至今仍在使用这种方法。

另一个真正给了我很大帮助的人是艾玛，她是一名外联护士，在我人生最低谷的8周时间里，她经常来看望我。外联团队是一支精干的社会团队，当有人需要时，团队可以为家庭或学校增加人手。艾玛来得正是时候，因为我妈妈在做全职工作，我一个人在家不安全，但是回家后能跟人聊聊我的一天让我感到很安慰，在这段时间里我得到的支持对我来说非常重要。我们去了几次咖啡馆，这是一项极大的挑战，可能会让我更加焦虑，但在那种情况下，有艾玛在我身边让我可以倾诉那些消极的想法对我很有帮助。艾玛通常会在家里和我见面，因为我在家里感到比较舒服，有时她也会和我在学校见面，这让我度过了特别艰难的日子。当我情绪低落的时候，我没有任何动力，但是同艾玛和金几天一次的会面，给了我些许信心，让我愿意好好活着，并有所期待。

在学校，我得到了很多人的支持，比如欧文夫人、伍德夫人和琼斯夫人，但是给我最大支持的人是卡斯伯特夫人和教务处的帕内尔夫人。卡斯伯特夫人和史密斯先生（与金一起）在学校里安排了很多事情来帮助我，例如"下课"卡，还安排我可以不上地理课，以确保我能够赶上其他科目的学习。他们还与我的父母商量让我自己决定是不是每节课都上。在我最焦虑的时候，这减轻了我的压力，因为我发现连续上6节课对我来说很困难，我没有从焦虑中得到喘息的机会。我不去上地理课时会去找伍德夫人，她帮我补课，使我不落下进度。艺术课对我来说是一门很好的转移注意力的课程，因为我从小就喜欢艺术，而欧文夫人总是很和蔼，她的歌声、舞蹈和积极的态度总是会转移我对焦虑的注意力。卡斯伯特夫人和帕内尔夫人在我遇到困难时给予了我很大的支持，她们总是抽出时间和我聊天，让我觉得一切都不是那么糟糕了——即使在我感觉最糟糕的时候，她们也会让我微笑起来。对我来说，迈出的一大步是向学校的人寻求帮助。

我的朋友们、妈妈、爸爸、姐妹们、琳达阿姨和马丁叔叔都是我的坚强后盾。我的朋友帮助我渡过一切难关，甚至像走路上学这样的小事也大大减轻了我的焦虑——大多数时候，这件事是我上学的唯一原因。正是因为我和朋友们的友谊才让我走到今天，他们都太棒了！我的朋友贝丝、霍莉、露西、米莉和夏洛特，无论她们的生活中发生了什么，她们都一直陪伴在我身边，我永远都不会忘记这一点。我的妹妹们能很好地让我转移注意力，因为她们年纪很小、很快乐，这让我忘记了自己的感受。琳达阿姨、马丁叔叔和妈妈会带我去当地的酒吧参加智力竞赛之夜，每周都会；这帮我建立了自信，尽管我也会感到焦虑，但我也会很享受其中。虽然我们只获得过一次第三名，但是等新冠肺炎病毒消失后，我迫不及待想要再去了！

我父亲每天早上和晚上都会给我打电话，因为我不能每天都见到他。我喜欢和父亲谈论我们的一天，这对我帮助很大，尤其是在早上，因为这是我最焦虑的时候。父亲很理解我，因为他自己也在与焦虑症做斗争。在学校里，如果我感到焦虑或不安，我也会给妈妈打电话，她总是会让我冷静下来，帮助我渡过难关——这种沟通是至关重要的，当我在最挣扎的时候，我伸手向他人求助，让我确认自己会没事儿的。我的妈妈和爸爸不做任何评判，他们总是接受我的感受，这对我帮助是最大的。有时在漫长的一天之后，我所需要的只是一个拥抱。

在我最低谷的时候，我自己的不良应对机制可能是最没用的——我现在知道，我只是在试图控制我不能控制的事情。有些药物，如氟西汀和舍曲林对我没有帮助，但每个人情况都是不同的，对你有效的可能对我无效，但我和金最终找到了对我有用的药物。我个人觉得正念不是很有用，但我认为那是因为我缺乏动力，看不到正念的意义，也看不到它的作用，因为我认为糟糕的感觉总是会萦绕着我，所以我会想："为什么要费力地去改变它呢？"回避在短期内是有帮助的，但在长期来看却助长了我的焦虑，慢慢地，我试图回避一切，甚至到了不想下床的地步。

康复——事情是如何开始变好的

我所意识到的最重要的一点是，只有在你想要变好的情况下，你才能够变好。2020年4月，我的祖母去世了，这让我想到，她不会希望我这样活着，于是我决定，我要为了她好起来——我希望能够再次享受与家人和朋友在一起的时光。这个经历虽然很痛苦，但却改变了我对康复的心态，给了我重新生活的动力：我的祖母会希望我这样做。我认识到，我周围的人最能帮助我，当我在困境中挣扎时必须请求他们的帮助。我还认识到，我的一些"应对机制"使事情变得更糟了。同时，你也要庆祝一些小小的胜利，比如今天出门了两次，或者花更多的时间和家人在一起了。不要对自己太苛刻——你已经很努力了，你拿来与自己比较的那个人也许在经历相同的事情，他们可能只是看起来在微笑。接受你已经经历或正在经历的事情会帮助你继续前进。在糟糕的日子里，我会努力记住，并不是每一天都是美好的，但是每一天都有美好的一面。

反思

这样的经历让我变得更加坚强，也让我更加了解自己，现在我可以意识到什么时候我做得不够好，以及我可以做些什么让自己感觉更好。一开始我真的很害怕焦虑的感觉，但是现在焦虑已经不能控制我了，这就是区别——放弃和回避某些事情只是交出了更多的控制权，但是为了努力变得更好，你必须尝试克服它。就像我妈妈常说的那样，不管你感觉某件事会有多困难，都不会像你想象的那样糟糕。自从克服了焦虑之后，我坐火车去过伦敦，还坐了飞机，还参加了我的第一次工作面试——我甚至很享受高中生活。6个月前，我甚至不能想象自己会做这些事情——一想到要坐飞机，我就会恐慌发作！我很高兴能有机会写这篇文章，它帮助我回顾了过去，看看我已经走过的旅程，但同时，我也希望我的挣扎能够帮助到其他人。事情可以变得更好，你已经度过了你很糟糕的一天，虽然这样的日子以后还会出现，但是等待着你的更多的是美好的日子——别为了那些糟糕的日子而活，为你还没有经历过的美好日子而活吧。

参考文献及扩展阅读

Charlie Waller (2020) *Parent Support*. Available at: <charliewaller.org/parent-support> (accessed 17 October 2020).

Cornell University (2020). Anxiety Tracking Log. Available: at: <health.cornell.edu/sites/health/files/pdf-library/anxiety-tracking-log.pdf> (accessed 17 October 2020).

NHS (2019) Anxiety in Children. Available at: <www.nhs.uk/conditions/stress-anxiety-depression/anxiety-in-children/> (accessed 17 October 2020).

Understood For All Inc. (2020). *Download: Anxiety Log to Find Out Why Your Child Gets Anxious*. Available at: <www.understood.org/en/ friends-feelings/managing-feelings/stress-anxiety/download-anxiety-log-to-find-out-why-your-child-gets-anxious-or-stressed> (accessed 17 October 2020.

YoungMinds (2020) *Anxiety*. Available at: <youngminds.org.uk/find-help/ conditions/anxiety/?gclid=EAIaIQobChMItoGEicS77AIVF-DtCh3Y-VwaQEAAYASAAEgJ-D_D_BwE.> (accessed 17 October 2020).